近現代日本の米穀市場と食糧政策

食糧管理制度の歴史的性格

玉 真之介

はしがき

　1980年代，技術革新の加速化を伴って成長産業が重化学工業から情報産業に移るのに合わせて，政治・経済・社会を含むグローバリゼーションが進展しはじめた。それが一気に進んで地球全体が市場経済に包摂されるに至るのは，1989年のベルリンの壁崩壊に始まる社会主義体制の崩壊と冷戦終結によってである。それは，中央計画経済の歴史的終焉であり，その対極にある新自由主義の勝利であると喧伝され，規制緩和が世界各国の経済政策における潮流となっていった。

　その勢いに乗って，難航していたGATTウルグアイ・ラウンドも1994年には妥結し，翌年にはWTOが発足した。農業保護の全廃を原則に掲げた交渉の妥結は，戦前に起源を持ち，先進国がそれぞれに行ってきた農産物市場への介入と制度化が，歴史の新しいステージに入ったことを意味した。

　時を同じくして日本では，米の市場開放が政治の焦点となる中で，戦時中の1942年に制定され，半世紀にわたってわが国の米穀市場を管理してきた食糧管理法が1994年12月に食糧法に席を譲って翌年10月で市場制度としての生涯を終えた。それは，偶然の一致はなく，むしろ食糧管理制度が世界資本主義の歴史的歩みを象徴する存在の1つだったことを改めて示すものだったと言える。

　本書は，このようなパースペクティブに立って，米穀市場と食糧政策の歴史的展開を日本資本主義の発展に照らして明治期から戦時，戦後までたどり，食糧管理制度の歴史的性格を明らかにすることを目的としている。

　食糧管理制度に限らず，農産物市場制度に関する歴史研究は，これまで十分になされてきたとは言えない。それは，長きに渡って日本農業に対する歴史研究が，農村内の地主小作関係や小作争議，あるいは土地政策にもっぱら

関心を集中させてきたからである。

　これに対して筆者は，早くから農地をめぐる問題も「土地制度改革の未達成」という視点からではなく，農地貸借市場をめぐる市場問題として考察されねばならないと主張してきた(1)。農業問題は，資本主義の発展が農業を市場関係に包摂していく中で発現し，それが農業・農村・農家にとっての問題としてだけではなく，資本主義国家にとっても問題となる時に，国家による介入や制度化も生じると考えたからである。

　資本主義国家にとって特に重要となるのが食糧問題である。本来，民事である小作制度に国家が介入するのも，耕作権の安定が食糧増産に不可欠となったからであった。米穀市場への国家の介入も，またその制度化と組織化も食糧問題の深刻化とあわせて進展していくのである。

　こうした認識に対して大きな障害となってきたのが，戦前の日本資本主義を「資本家・地主ブロック」が支配する階級国家とする理解だった(2)。それは，戦時・戦後を「国家独占資本主義」とする理解とも共通している。これらは，結局，国家を階級支配の道具と見るために，食糧政策を含む農業政策が，もっぱら地主や独占資本の利害に単純化して理解されてしまった。そのため，本来，自由を原則とする市場に国家が介入せざるを得ない危機管理の危機とそのための利害調整について十分な考察が向けられてこなかったのである。

　しかし，1990年代以降のグローバリゼーションと規制緩和の時代となって，国家による市場介入と市場制度の意味も問い直されている。その中で，農産物市場制度は，戦前に起源を持ち，戦時下に制度化されて戦後へ持ち越された「生産者保護のための制度」という通俗的な理解が一般化され，新古典派経済学や市場原理主義から批判の矛先が向けられてきた。こうした理解を正すためには，そして，その歴史的性格を明らかにするためには，その成立過程に遡った歴史的な研究が不可欠である。

　本書は，こうした現代的問題関心から改めて歴史を振り返り，農産物市場制度の社会経済的性格を実証的に考察しようとするものである。その際，昭

はしがき

和恐慌から戦時にかけて成立した食糧管理制度については，第2部で取り上げることとし，第1部では，明治以降の米穀市場の発展を踏まえながら，それに呼応した米穀検査制度の史的展開を取り上げて，その制度化の論理を究明する。いわゆる自由主義段階の米穀市場において，米穀検査が公的に制度化される過程を考察することで，農産物市場制度の持つ「公共性」をより深く理解することができると考えたからである。

その際，第1部と第2部を貫いているのは，制度化の背後にある国家の食糧問題に発する体制危機とそれへの対応である。以下，本書の全体構成を，使用した旧稿と合わせて紹介しよう。

第1部　米穀市場の発展と米穀検査制度の史的展開
　序章　本書のための書き下ろし
　第1章「米穀検査制度の史的展開過程—殖産興業政策および食糧政策との関連を中心に—」（『農業総合研究』第40巻第2号，1986）
　　前半の殖産工業政策との関連部分を加筆補正した。
　第2章「米穀検査制度の史的展開過程—殖産興業政策および食糧政策との関連を中心に—」（『農業総合研究』第40巻第2号，1986）
　　後半の食糧政策との関連部分を加筆補正した。
　第3章「市場制度と銘柄競争—昭和戦前期の銘柄整理問題—」（京野禎一編『競争下の食料品市場』筑波書房，1988）
　　ほぼ原型のままだが，一部加筆した。
　補章1　『農産物市場研究』第29号（1989）掲載の書評を原型のまま収録
　補章2　『日本史研究』第356号（1992）掲載の書評を原型のまま収録
　補章3　『史学雑誌』第103巻第10号（1994）掲載の書評を原型のまま収録
第2部　食糧管理制度の成立とその機能
　第4章「戦時体制下における米穀市場の制度化と組織化—食管制度の歴史的性格について—」（『市場史研究』第8号，1990）
　　ほぼ原型のままだが，一部加筆した。

第5章「戦時食糧問題と農産物配給統制」(野田公夫編『戦時体制期』農林統計協会，2003)

　　ほぼ原型のままだが，一部加筆した。

第6章「戦後農協体制と食管制度―危機論からの覚え書―」(『協同組合奨励研究報告』第18輯，1992)

　　ほぼ原型のままだが，一部加筆した。

終章　本書のための書き下ろし

　農産物市場制度の研究は，出身が北海道大学農学部農業市場学講座であったことから，ライフワークのように考えてきた。いささか歴史研究にのめり込み過ぎたように思うが，冒頭でも述べたように，わが国の農業史研究は「土地問題史観」があまりに権威を持っていて，農産物市場や食糧政策に関する歴史研究の蓄積は十分とは言えなかった。

　「土地問題史観」では，欧米に対する日本の土地制度の「遅れ」が問題の根源と認識されて研究がなされていた。しかし，農産物市場の制度化と組織化は，日本に限られた現象ではなく，第1次大戦後から大恐慌を経て総力戦体制の下で，列強がそれぞれに個性を持った制度を作り，しかも戦後もそれが維持されるという共通の歴史をたどる。わが国の農業史研究は，町村レベルの地主経営や小作争議の詳細な実証研究を行っていたが，視野があまりにもミクロで，こうした世界資本主義の同時代性に関するマクロ感覚がきわめて希薄であったように思われる。

　同時代的な視野に立てば，第1次大戦が決定的に重要である。そこでドイツ，ロシア，イギリスなどが経験した深刻な食糧危機は，総力戦の時代，食糧確保が勝敗を決する重要課題という認識を，日本を含む世界の列強に痛いほど思い知らせた。こうして，イギリスは自由放任主義を放棄し，食糧増産政策が世界資本主義の潮流となったのである。しかし，これがそれまでの農工間国際分業体制を変調させ，世界農業問題を深刻化させて，1930年代の大恐慌を導くのである[3]。

日本の場合，農業政策は第1次世界大戦よりも，その直後の米騒動によって決定的な転換がもたらされた。それ以降，戦時に向けて進む米穀市場の組織化と制度化，そして食糧管理法の成立に至る歴史は，総力戦体制という観点抜きに論じることはできない。先にふれた階級国家論がまさにこの観点を欠いた例であり，そこでは国家による農村の「ファシズム支配」の進展という平板で単線的な側面だけしか論じられないのである。

　これでは，農業・農村が米価や供出制度に関して最も有利な条件を，戦時体制の下で獲得した理由に，まったく考察が及ばないのである。そして，この戦時期と同様に，生産者米価が消費者米価を上回る「逆ザヤ」二重価格制が復活したのが1960年代であった。この二重価格制によってヤミ米市場は消失して，国による米の全量管理が達成され，食糧管理制度は「危機管理」機能を発揮することになるのである。

　戦時下と1960年代の共通性は何か，食糧管理制度の歴史的性格の理解にあたっては，この問いに答えなくてはならない。本書の第4章，第6章，及び終章では，この問いに対して，冷戦が食糧管理法を再編して継続させ，総力戦体制と同様の機能が復活させたという解答を与えたものである。

　食糧政策の歴史研究は，戦前と戦後を一貫したパースペクティブで考察したものはあまり見られない。また，戦後の食糧管理制度に関する研究は汗牛充棟ほどあるが，戦前との連続性を論じたものは少ない。本書は，食糧管理制度の継続を総力戦体制から冷戦体制への移行として，その連続性の意味を提示した類稀な研究になると考えている。

　こうした農産物市場制度は日本に限ったことではなく，ある意味で先進国に共通した現象であり，その結果として資本主義国は共通して農産物の過剰問題と財政赤字に悩み，この解決をGATTウルグアイ・ラウンドに託すこととなった。しかし，冒頭でも述べたように，冷戦が続く間は妥結することができず，ソ連邦の崩壊による冷戦の終結と事実上のアメリカ一極支配体制の成立によって，世界は貿易自由化と農産物市場制度の解体への道を進むことになったのである。

食糧管理法が1994年に食糧法に変わったことも，安全保障体制の世界的な変化に位置づけて理解する必要がある。それは，農産物市場制度が，歴史的に国家の危機対応として制度化されてきたものだからである。食糧管理制度の廃止も，その「危機管理」機構としての使命を終えたと言い換えることができるかもしれない。

　しかし，アメリカ一極支配体制は，ほんの一時期に過ぎず，イラク戦争における事実上の敗北，リーマンショックを経て，G20に象徴されるように，世界は急速に多極化している。中でも，ロシアと中国の台頭は顕著であり，19世紀末のような地下資源の争奪戦や領土問題も顕在化してきている。この中で日本は，アメリカに安全保障と食糧の依存をいっそう強め，規制緩和を進めて，食糧に関して丸裸同然となる恐れがある。

　TPPもまた，中国を意識したアメリカ中心の経済圏構築という性格が見え隠れする。歴史上の帝国や覇権国は，常に興隆と衰退を繰り返して来たことを思うと，アメリカの覇権にも限りがあり，異常気象や「『Gゼロ』後の世界」[4]を考えて，将来に予測される危機に対応する食糧政策や農産物市場制度が真剣に検討されるべき時代である。本書は，その課題に直接答えるものではないが，歴史的視点から農産物市場制度の社会経済的な性格を明らかにすることで，今日の課題に対する一助となることを目指すものである。

注
（1）農業問題を「土地制度改革の未達成」ではなく，市場問題として考察する枠組みは，暉峻衆三『日本農業問題の展開』（上）東京大学出版会，1970，（下）東京大学出版会，1984を批判して，拙著『農家と農地の経済学』農文協，1992，第6章で提起した。この論文に対しては,暉峻衆三氏より反論「『戦前期』日本農業問題の方法―玉真之介君の批判と所説によせて―」（梶井功編『農業問題その外延と内包』農文協，1997）が寄せられ，それに対する筆者の再反論「小経営的生産様式と農業市場―農業市場研究の新しいフレームワーク―」（美土路知之他編『食料・農業市場研究の到達点と展望』筑波書房，2013）へと続いている。
（2）こうした認識は，言うまでもなく戦前の日本資本主義論争における「講座派」

の議論に起源を持ち,「土地問題史観」と共に戦後も根強く研究の前提(パラダイム)として存続している。その代表例として,中村政則「序説近代天皇制国家論」(原秀三郎ほか編『体系日本国家史』(近代1)東京大学出版会,1976),中村政則・鈴木正幸「近代天皇制国家の確立」(同上(近代2))を参照。戦前の日本資本主義論争と「土地問題史観」への批判については,前掲拙著『農家と農地の経済学』第7章を参照。
(3)前掲拙稿「小経営的生産様式と農業市場―農業市場研究の新しいフレームワーク―」を参照。
(4)イアン・ブレマー(北沢格訳)『「Gゼロ」後の世界―主導国なき時代の強者はだれか』日本経済新聞出版社,2012を参照。

目　次

はしがき ……………………………………………………………………… *3*

第 1 部　米穀市場の発展と米穀検査制度の史的展開

序章　研究史と課題 ………………………………………………… *17*

第 1 章　明治農政の展開と同業組合検査 …………………………… *29*
　　1．課題と視角 …… *29*
　　2．貢米制度の廃止と米質の粗悪化 …… *30*
　　3．殖産興業政策の展開と同業組合準則 …… *33*
　　4．同業組合検査とその限界 …… *39*
　　5．おわりに …… *43*
　（補）米券倉庫について …… *44*

第 2 章　食糧政策の成立と県営検査 ………………………………… *47*
　　1．課題と視角 …… *47*
　　2．米穀市場の近代化と県営検査 …… *48*
　　3．食糧政策の成立と県営検査 …… *53*
　　4．県営検査と小作人保護奨励施策 …… *58*
　　5．米穀検査をめぐる小作争議と小作慣行 …… *64*
　　6．おわりに …… *69*

第3章　銘柄競争の展開と米穀市場統制政策
　　　　―昭和戦前期の銘柄整理問題― ……………………… *75*
　1．はじめに …… *75*
　2．銘柄等級制の確立と銘柄競争の展開 …… *76*
　3．米穀統制法と銘柄整理問題 …… *84*
　4．戦時食糧政策と銘柄整理―むすびにかえて― …… *94*

補章1　書評：宮本又郎著『近世日本の市場経済』………………… *97*
補章2　書評：川東竫弘著『戦前日本の米価政策史研究』………… *102*
補章3　書評：大豆生田稔著『近代日本の食糧政策』……………… *109*

第2部　食糧管理制度の成立とその機能

第4章　戦時体制下における米穀市場の制度化と組織化
　　　　―食糧管理制度の歴史的性格についての考察― …………… *125*
　1．課題の限定 …… *125*
　2．米穀統制法との断絶性と連続性 …… *127*
　3．「権力」統制の機能と性格 …… *138*
　4．1960年代における食管制度の機能―むすびにかえて― …… *147*

第5章　戦時食糧問題と農産物配給統制 ……………………………… *151*
　1．はじめに …… *151*
　2．統制への序曲―日中戦争の開始と東亜農林協議会― …… *152*
　3．食糧需給構造の変化と米パニック …… *155*
　4．集荷機構の生産者団体への一元化 …… *162*
　5．食糧管理法の制定 …… *167*
　6．食糧国家管理の始動 …… *174*
　7．青果物配給統制の進展 …… *179*

8．食糧供出体制の強化 …… *183*
　　9．戦争末期の食糧事情 …… *188*
　　10．おわりに …… *191*

第6章　戦後農協体制と食糧管理制度 …………………………………… *193*
　　1．課題の設定 …… *193*
　　2．ドッジ・ライン後の農村と統制撤廃問題 …… *197*
　　3．1950年代の農業政策と農協体制・食管制度 …… *205*
　　4．インフレ時代と食管制度—むすびにかえて— …… *215*

終章　食糧管理制度の歴史的性格 ………………………………………… *221*
　　1．各章のまとめ …… *221*
　　2．国家独占資本主義論の検討 …… *224*
　　3．食糧管理制度の歴史的性格 …… *229*

第1部
米穀市場の発展と米穀検査制度の史的展開

序章　研究史と課題

　市場経済社会が農村に浸透していって，生産された農産物が市場で売買され，流通するというとは，農産物が商品になるということである。しかし，農産物は，自然を利用した有機生産物であるがゆえに，形状や品質にどうしても差が生じ，斉一性を欠いている。このことは，計画的，画一的生産が可能で，初めから商品として生産される工業製品と農産物との大きな違いである。このために農産物が商品化されるに際しては，一定のランクをもった規格への選別と一定の品質規準に基づく格付けが要請されることになる。

　農産物検査制度は，いわばそうした農産物の商品としての標準化を保障する市場制度であり，それゆえ単に取引を円滑・容易にするといった流通過程上の効能にとどまらず，農産物の品質向上という生産過程に対しでも重要な役割を果たすものとされる(1)。つまり，検査というフィルターが農産物に課されることによって，農業生産が商品流通に見合うものへと標準化されていくということである(2)。

　第1部の課題は，明治期にはじまる米穀検査制度について，米穀市場の発展と食糧政策の展開を踏まえながらその史的展開を跡づけ，その社会経済的な性格と内在する矛盾を解き明かすことである。そこでのポイントは，農産物市場制度としての米穀検査制度の性格である。

　農産物市場制度は，本書の「はしがき」で論じたように，何らかの政策意図を持って国が市場に介入する市場規制である。しかし，市場というシステムが本来的に「売買自由の原則」に立脚するものである以上，そこへの介入には当然,「自由」に勝る「公共性」が要請される。また，公的制度として「中立性」ないし「平等性」も要件となる。さらに，規制がもたらす副次作用や規制の効果も問われることになるのである。

第1部　米穀市場の発展と米穀検査制度の史的展開

　こうした農産物市場制度について，これまでの日本農業史が十分な理解と認識をもって考察してきたかと言えば，必ずしもそのようには言えない。

　その最大の理由は，「はしがき」でも述べたように，近代の日本農業を「地主制」という生産関係で把握する理解が長く研究のパラダイムとなってきたからである。そのため，農業団体なども含めて，国の施策はおしなべて農村を支配する地主の階級的利益を反映するものとされ，米穀検査制度も当然のように，「地主的」，つまり地主の利益を体現したものとする性格付けがなされてきたのである。

　確かに，米穀検査は，米を販売する地主には利益をもたらし，現物で小作料を納入する小作人には負担を強いるものなので，一見して「地主的」と評価することもうなずけないわけではない。実際に，米穀検査制度をめぐっては，小作争議も多数発生している。しかし，以下の章で考察するように，行政が「売買自由の原則」を一部制限してまでも市場制度を普及させる根拠を一つの社会階層である地主の利益に求めるのは，社会科学的な分析としてあまりに短絡的すぎるのである。

　農産物市場制度への理解が不十分であった第2の理由は，研究の関心が小作争議と土地政策ばかりに向けられたため，国家の危機管理において食糧政策が持つ重大性が十分に認識されてこなかった点を指摘しないわけにはいかない。都市の消費者対策と農村の生産者対策という矛盾する両面を合わせ持つ食糧政策は，米の需給関係にも規定されて政策の重点をシフトさせていく。その点で，「地主制」という農村内の階級闘争に視座を置く歴史研究は，食糧政策を地主の利害だけで捉えようとするために，その意義や影響が十分に捉えきれなかったのである。

　さらに，これまでの研究は不況や恐慌といった市場システムの欠陥，すなわち「市場の失敗」に主に関心が向けられ，市場への規制がもたらす問題，すなわち「政府の失敗」に対する関心が十分とは言えなかった。この結果として，農産物市場制度それ自体が抱え込んだ矛盾に対しては，あまり十分な考慮が払われてはこなかったのである。

序章　研究史と課題

　第1部は，このような研究史の反省に立って，米穀検査制度の史的展開過程をそれが必要とされた社会経済的背景と，その制度に内在する矛盾の視点から考察する。そこで，この章では米穀検査制度に関する具体的な研究史を振り返って，課題をよりいっそう明確にすることにしよう。

　戦前の文献　まず取り上げる必要があるのは，児玉完次郎『穀物検査事業の研究』（西ヶ原刊行会，1929）である。これは，大正・昭和の時代に農林省の職員として穀物検査事業の普及・指導に携わった著者がその経験を踏まえてまとめたもので，当時，農務局長であった石黒忠篤の「序」が付されている。内容は，政策担当者として穀物検査事業の社会的，経済的意義を最大級に高唱するものである。すなわち，穀物検査事業とは「収穫後に於ける穀物の品位の改良及び其の減損防止並之が貯蔵・運搬・加工及取引等の改善を図り穀物の経済的価値を向上し且其の配給関係をして円滑ならしむる」(p.6)ことを目的とする「公益事業」である。

　その際，米穀検査事業が「個人の自由を多少束縛することを免れ得ない」が，それに勝る「多数人の福利増進上必要且つ正当なるもの」(p.18)なのであり，さらに「公益を目的とする穀物検査事業に対する多数関係者の相互関係は絶対に公正平等であるべきことは当然のことに属する」（同）とされていた。

　ただし，この本では，「当然のこと」とされた公正・平等が実際の社会経済において果たして貫徹されたのかどうかにまで踏み込んだ記述はない。しかし，米穀検査制度が一つの市場制度として，「公共性」，「中立性」及び「平等性」を基本理念として正当化されるものであることを明確にしているという意味で，この本は重要である。

　戦前には，小野武夫『農村史』（現代文明史講座第9巻，東洋経済新報社，1941）も，第7章「農産物商品化と穀物検査制度」で米穀検査制度の史的な発展を整理している。これも概説に止まるものだが，最後のところで，米穀検査が地主と取引業者に利益をもたらし，小作農家には利益を与えず反対される結果を見た，という実際の社会経済における問題の指摘だけはなされていた。

第1部　米穀市場の発展と米穀検査制度の史的展開

戦後の文献　戦後，米穀検査制度の生い立ちとその社会経済的性格にも踏み込んだものとしては，農業発達史調査会編『日本農業発達史』第3巻（中央公論社，1954）と第5巻（同，1955）がある。第3巻は，第10章第3節「産米改良事業の発生・発展」において，地租改正後の粗悪米の増加とそれに対する同業組合による米穀検査を扱っている。その記述は，豊富な資料に基づく妥当な考察が少なくないが，米穀検査の性格付けとなると，「封建領主の検束解体後には地主の力が現れてくる。地方庁を背景とする地主の農事改良がそれである。同業組合の運動はその一つである。」（p.321）と，同業組合による米穀検査を地主の利益を体現したものとしていた。

第5巻では，第7章第2節「農業政策の発展」において，明治末に全国に広がる県営検査制度が扱われている。ここでも豊富な資料に基づいて様々な考察がなされているが，その総括は以下のようなものであった。

　「ところで，この時期に何故に地主は法令の力—産米検査法規を要求せねばならなくなったのか。純粋封建権力としての領主に代わって半封建的勢力として高率な物納小作料を徴しつつ農民に君臨した地主勢力は殊に日露戦後農村への商品生産の発展，高度に発展した資本の勢力の伸長，米穀取引市場の拡充に応じて自己の力を再編強化しなければならなかった。小作米を増徴し，これが販売者として，その商品価値を高めること，それが小作の負担においておこなわれた。そのためには法令の力を借りるとともに地主組合を結成してこれにあたる必要があった。」（p.377）

このように，『日本農業発達史』は，「地主制」という生産関係を当然の前提としているため，明治中期の同業組合検査や明治末に普及する県営検査についても，百パーセント地主の階級的利害で理解していた。それがまた，日本農業史における通説であった。

これに対して，鳥取県を主な対象として明治から戦時，戦後にいたる米穀市場の発展を考察した守田志郎『米の百年』（御茶の水書房，1966）は，同業組合検査と県営検査の性格を区別して論じた。すなわち，同業組合によっ

て実施された移出検査は移出商が自らの利益のために行ったもので，県営の生産米検査は，それに対抗するために，地主が県に圧力をかけて実施させたものであると性格付けた。「すなわち，これが生産米検査と移出検査の統一的実現である。地主と商人の利害を，地主の要求によって検査制度の上に統一させるという経過は，およそどの県にも見られる現象である。」(p.126) と。

県営検査に先立つ同業組合検査を商人的なものとする評価は，米穀国内統一市場と銘柄等級制の確立について詳細な考察を行った持田恵三『米穀市場の展開過程』(東京大学出版会，1970) も同様である。ただし，持田氏の場合は，県営検査の実施を同業組合検査の制度としての限界から導いていた。つまり，「移出検査は当然移出する米に限られ，一部の販売米の検査にすぎない。…従ってそれは生産改善に役立たなかった」(p.132) と。この限界を克服したのが，明治末から全国に普及した県営検査であり，この「生産検査によって銘柄等級制は確立するといってよい」(p.133) とされた。

この生産検査について持田氏は，やはり「第一に地主の利益と結びついていた」と通説を支持している。ただし，銘柄等級制の観点から商品としての米の品質向上を重視する持田氏は，生産検査を単純に地主の要求によるものとはしていない。すなわち，「品質向上は品種，生産・調製過程の改良によらねばならず，それは県の行政指導に待たねばならなかった。それを推進し，またバックアップしていたのが地主層であった。」(p.133) と，露骨な地主の要求ではなく，県の産業振興策としての見方も示していた。

また持田氏は，米の品質向上，すなわち産米改良について，「二つの方策」を指摘していた。「一つは地主自体の，さらには県当局の権力による方法であり，一つは小作人に経済的利益を与えることで誘導しようという方法であった。この両者はつねに併用されて米穀検査事業の成功を生み出したのである。」(p.228) と。

前者について持田氏は，産米改良が「サーベル農政」の一環であったことを指摘した。合わせて後者として，小作人の負担増を補うための補給米や補給金を地主が支払うように，県が奨励していた事実を指摘していた。それは，

第1部　米穀市場の発展と米穀検査制度の史的展開

産米改良をめぐる「地主と小作人との矛盾」を「経済的利益によってカバーしようとする方式」であり，「府県当局によっても推進された」(p.234) と述べている。もちろん,県営検査による経済的利益の配分は,「具体的な地主・小作間の力関係によるもので」，補給米や補給金によって「決してそれが解決したことではなかった」(同) とも付言していた。

このように持田氏は，生産検査が産米改良の推進に果たす意義を確認し，その推進を「地主的」なものと評価しながらも，県営検査が地主小作間の利害を対立させるという矛盾を内包していることを指摘していたのである(3)。

小作争議研究　この矛盾の端的な表現が，米穀検査をめぐる小作争議であった。そこで，米穀検査制度について小作争議の側から考察した二つの研究を見ることにしよう。一つは,田中学「日本における農民運動の発生過程」(『経済学季報』第17巻第3・4号，1968)，もう一つは，西田美昭「農民運動の発展と地主制」(『岩波講座日本歴史18　近代5』岩波書店，1975) である。

前者では，1910年前後の初期の小作争議が，「一連の産米改良政策，なかんずく米穀検査に基因する争議である」(p.149) とした上で,米穀検査を「この時期の農業政策の主要な一環をなすものであって，多少の時期的ずれはあっても,全国的に施行せられたものである」(pp.149-50) ことに注目している。

田中氏は，「従来，米穀検査は地主による地主のための政策として理解されるのが一般的であったが，後に見るように必ずしもそう割り切ってしまうわけにはいかないかと思われる」(p.153) と言う。なぜなら,地主小作間の「利益と不利益の差は誰の目にも明らかであり，いかに地主階級の社会的，政治的影響力が強いといっても，何らの抵抗をも予想することなくこれを行いうるものではない」(p.155) からである。これはまさに，市場制度の社会経済的性格に関する指摘である。

そこで注目すべき点として，以下の二点を挙げる。一つは,「大部分の府県が検査実施に際して地主を制禦し，小作争議の発生を防止する何らかの対策を講じていること」(pp.155-6) であり，もう一つは，この時期につくられる地主組合の多くが「米穀検査に際して府県当局が〈地主―小作人〉関係

を調整する目的で設立させたいわば官製地主組合」(p.173)だったことである。

こうして田中氏は，米穀検査をめぐる争議について，「争議の契機はいわば外部から与えられたものであり」，「特に県当局が奨励米給付等々を勧告したことは，小作農に一つの大義名分を与えた」(p.169)としている。つまり，米穀検査は「上からの政策」であり，「潜在的にはある程度成熟していた〈地主―小作〉の対立を顕在化せしめる契機と」なり，「その具体的な結果が小作争議の発生に他ならない」(p.150)としたのである。

ただし田中氏は，米穀検査制度の「上からの政策」としての性格を強調しながらも，その背景や理由，内容については，鉄道網の発達や米穀市場の全国的統一という一般的事象にごく簡単に触れる程度であった。いったいなぜ，県営検査が「上から」全国的に普及されたのかという問いには，ほとんど答えていなかったのである。

これに対して，西田氏は，「この制度が明治末から大正期という特定の歴史段階になぜ導入されなければならなかったのか，そして，むしろ逆説的ないい方をすれば，なぜ生産農民は，この制度をこの時期に受けいれたのか」(p.145)と問題を設定した。

西田氏が注目したのは，米穀検査制度の導入時期をめぐる地域的差異，中でも生産検査が西日本で早く，東日本で遅いという差異である。この差異を西田氏は，「生産農民とりわけ小作農民の成長の度合の地域的差異と相関していると結論」(p.149)づけた。つまり，「生産検査を受け産米改良に努めることが利益であると感じる農民が増加した」(p.155)西日本でこそ，生産検査の実施は早期に可能であった，としたのである。

西田氏は，「米穀検査制度展開の駆動力は，資本主義の発達とそれにともなう米穀市場の『近代化』にあった」(p.155)としている。また，「米穀検査制度は，市場の強制に基づいて成立した」(同)とも述べている。その意味で米穀検査制度は，「単純に地主的制度とすることはできず」，「資本主義と地主制の矛盾を本格的に展開させる契機」(p.156)であり，西日本で発生した米穀検査をめぐる小作争議こそ農民的小商品生産を基盤とした，後の本

格的小作争議の前提を形成するものだったとしたのである。

　このように西田氏は，米穀検査制度を資本主義の発展が地主に対して実施を余儀なくさせたものとした上で，その結果，小商品生産者化した小作農と地主との矛盾を顕在化させる役割を果したと論じたのである。しかし，「この制度が明治末から大正期という特定の歴史段階になぜ導入されなければならなかったのか」という最初の問いについては，西日本で農民的小商品生産が成熟していたという点を除いては，やはり資本主義の発展と米穀市場の「近代化」しか答えられていないのである(4)。

　このように，米穀検査制度はここまでの研究史においても，すでに「地主的」という単純な性格付けが妥当でないことが指摘されていた。しかし，「地主制」というパラダイムが強力であるために，明治中期の同業組合の移出検査についても，明治末から大正にかけて全国に普及した県営検査についても，「地主的」以外の性格付けを積極的に行うことは避けられていたのである。したがって，その解明が，第１部の最重要な課題となる。その場合には，これまでの研究が十分には触れてこなかった政策意図と市場制度との関係，並びに食糧政策が重要な観点となるだろう。

　大豆生田稔氏の研究　その考察に先だって，近年，山口県を対象として明治以降の産米改良と米穀検査に関して時系列的かつ具体的な考察を行っている大豆生田稔氏の一連の研究について，紹介しなければならない。

　まず，「1880年代の防長米改良―米撰俵製改良組合と米商組合―」(『東洋大学文学部紀要』第60集　史学科篇32号，2007）では，地租改正後に生じた粗製濫造が大阪市場での防長米の評価低落を契機として，県庁の主導の下に２つの組合が組織されたこと，検査方法の未整備・不徹底が特に生産検査で顕著だったため，一定の成果をあげたものの，粗製米取引を排除できなかったことを明らかにした。そこで注目されるのは，すでに「小作人の新たな追加労働に対しては，80年代半ばの事業開始当時から少量・少額ではあるが一定の給付が一般化していた」(p.128）という事実の確認である。

　次に「1890年前後の防長米改良と米穀検査―米撰俵製改良組合・米商組合

から防長米改良組合へ—」(『東洋大学大学院紀要』第44集,2008)は,1888年に発足した防長米改良組合の米穀検査の実績を検討したものである。この防長米改良組合は,前段の「生産者」と「米商」を合同して両者の連携を図ることが産米改良の実現に必要と判断した県庁の指導によるものであった。その実際は,生産者においても検査の徹底を計れず,米商も未検査米を取り扱い,結局,1980年代後半までと同様の粗製品の取引が根強く残ったことが明らかにされた。中でも,断固たる「違約処分」に踏み切れない背景に,生産米に対する「公正な検査」実施の困難があったことを示した点が重要である。

続いて,「1890年代の防長米改良と米穀検査—防長米改良組合の改組—」(『東洋大学文学部紀要』第61集　史学科篇第33号,2008)は,1895年に規約を一新した防長米改良組合における米穀検査の詳細を各郡別に考察したものである。この新規約は,県庁の強力な指導・監督により,全県一律に検査の徹底を計り,警察も動員して違約者処分を断固実施したところに画期性があり,日清戦争後の好況にも支えられて,阪神市場での防長米の評価を高めるという成果に結びついて,組合の事業展開の画期となったことが示された。

さらに,「防長米同業組合の成立と米穀検査—1898～1907年」(『東洋大学人間科学総合研究所紀要』第12号,2010)は,1898年に防長米改良組合を改組して発足した防長米同業組合の事業内容と鉄道輸送の発展について考察したものである。まず,同業組合への改組は,やはり県庁の強力な指導によるものであり,組織的にも県庁—郡役所のラインに一体化するものであった。その事業も「公益」という名分の下,歳入の半ばが県からの補助金で賄われていた。この行政と一体化した強力な体制の下で,1901年に下関まで山陽本線が開通し,停車場での検査体制が強化され,市場競争の中でも防長米の阪神市場での市場評価は高まり,違約処分も減少していった。その一方で,地主による小作人への奨励米の公布については,県が特別の指導をしていない点が注目される点である。

最後に,「日露戦後の防長米同業組合と阪神市場—1910年代の米穀検査」

(『東洋大学文学部紀要』第63集第35号，2010) は，阪神市場をめぐって県営検査を開始した県との間で評価の後れをとった防長米が同業組合が農会との合併という新たな組織強化を基盤に，再び評価の向上に成功するまでを考察している。そこでは，輸出米から国内市場へのシフト，大粒米から小粒米へのシフトなどに手間取る過程や審査員・検査員の採用方法・待遇の改善などが描き出されている。しかし，成果に結びついていったのは，1912年の定款改正による全事業を本部が統括する体制が確立してからであり，それを促したのは評価低落から生じた危機感であった。

以上のように，大豆生田氏は防長米の検査制度をめぐる一連の考察を通じて，二つの重要な事実を明らかにしたといえる。一つは，防長米の検査体制の整備に一番強く影響していたのは，阪神市場における各県産米の競争関係とそこでの防長米の評価であったこと，もう一つは，推進力となっていたのが終始一貫した県の強力な指導・監督であったことである。それが意味するところは，阪神市場における県産米評価が県経済に及ぼす影響の大きさであり，その裏面としての，県の勧業政策における産米改良の重要性である。

山口県は滋賀県と共に，同業組合による米穀検査が長く継続した県である。全国的には，同業組合検査が行き詰まる中で，明治末に県営検査が普及していく。大豆生田氏の研究により，山口県については，表向きは同業組合検査でも実質的に県の指導・監督による米穀検査が1895年（明治28）からはじまっていたことが明らかとなった。警察をも動員した県の強力な推進姿勢が山口県における同業組合検査が継続していった秘密だったのである。

では，他の県は，なぜ同業組合検査が継続しなかったのだろうか。第1部での考察では，この問いへの解答も課題となるだろう。

幕末・維新期の米穀市場　この大豆生田氏の研究成果に関わって，最後に幕末及び明治維新後の米穀市場に関する研究にも触れておくことにしよう。本城正徳『幕藩制社会の展開と米穀市場』（大阪大学出版会，1994）は，書名の通り幕藩体制期，特にその中後期の米穀市場を対象とした研究であるが，本書には幕末期に対する知見を踏まえて，「明治維新と米穀市場変動」とい

う補論が付されている。

　本城氏は，幕藩体制期の中後期における農村部飯米市場の形成に着目して，領主米中央市場が地位の低下を示す背景に，農民の米商品化と連動した中央市場を経由しない形での全国的規模での米穀市場の形成を実証的に示した。しかも，その国内市場の形成度は，米納年貢制の下で買納制（例えば，綿を生産する農民が米を購入して年貢を納めること）が普及していたことや，飯米購入の増加が「他国米」への依存を深めていたことを踏まえて，明治初期と比較しても同等かそれ以上であったとした。また，それを幕末に納屋米集散市場として栄えた堺や貝塚における明治維新後の米取扱量の減少という事実から例証した。

　これを踏まえて，本城氏は，明治維新と地租改正によって農村段階での米穀商品化量が著しく拡大し，農村米穀商業資本や流通機構が対応しきれなかった，とする従来の支配的見解に疑問を呈した。すなわち，国内市場の実態は，むしろ「地租改正＝金納地租化を可能ならしめた市場的条件が，すでに地租改正事業以前の段階において，成立していたと判断できる」（p.421）としたのである。

　この本城氏の研究に呼応する形で，小岩信竹『近代日本の米穀市場』（農林統計協会，2003）は，これまで連動性が薄いとされてきた明治10年代の地方市場と中央市場について，秋田県の土崎港の分析から，中継港の集荷機構が地方市場と全国市場を結びつけ，米価の規定関係は強かったことを実証的に示した（第2章）。

　このような米穀市場に関する近年の研究は，幕末から明治の歴史を封建制から資本主義へという枠組みの下に，遅れた資本主義として性格付けてきた従来の研究史に強く反省を迫るものである。すなわち，米穀市場をはじめとして幕藩体制の下で市場経済は高度に発達しており，「封建制」を念頭においた経済外的な階級支配の観点ではなく，市場で展開される競争に強く影響される社会経済として分析する必要があったのである。

　米について言えば，各産地の銘柄競争はすでに幕藩体制の下で高度に発達

第1部　米穀市場の発展と米穀検査制度の史的展開

していた。地租改正後の米質の粗悪化にはじまる産米改良と米穀検査の制度化も，幕藩体制期以来の米の銘柄競争を基盤に，推計される経済的損失を取り戻すための県の勧業政策として展開を開始するのである。

　その上で，米穀検査が県単位であったために，これまで見逃されてきた国の食糧政策に目を向けなければならない。明治末の県営検査の普及に国が強く関わっていたことを第2章では明らかにしたい。また，第3章では，県営検査が産地間競争の有力な手段となることによって，国の食糧政策と矛盾する事態の展開を跡づけることにする。

　以下，第1章では，明治中期に各県で開始される同業組合による米穀検査の性格とその限界，第2章では，明治末から大正にかけて普及する県営検査の性格，そして第3章では，県営検査の下での産米改良競争と国による米の需給・価格・配給統制との矛盾を明らかにする。

注
(1) もちろん工業製品であっても，国が製品の標準を定め，取引を円滑化・合理化するといったことは行なわれている。ただそれも生産が一定の規準を満たすかどうかが問題となるのであって，製品を行政が直接検査するというようなものではない(例えば工業標準化法。日本農林規格は原料が農産物であるために中間的)。また輸入防疫検査や輸出品検査はそれぞれが独自の目的をもつ。
(2) 同じ農産物であっても，穀物等の主要食糧品と原料農産物，あるいは青果物等では検査のあり方が違う。行政的に制度化されていったのは米をはじめとする穀物であったのは，まさに食糧政策上の位置づけの違いを表している。
(3) 米穀検査制度を銘柄競争との関連で研究したものには，馬場昭「東北産米における銘柄と産米改良」(協同組合経営研究所『協同組合研究月報』No.102, 1962)の宮城県の分析がある。また，北海道を対象に米以外の農産物検査を考察したものには，榎勇「北海道における農産物公営検査実施の社会・経済的意義」(『農業総合研究』第17巻第3号，1959)がある。
(4) 岐阜県を対象に初期小作争議に関わって産米検査制度を研究したものには，森武麿編『近代農民運動と支配体制』柏書房，1985がある。

第1章　明治農政の展開と同業組合検査

1．課題と視角

　この章の課題は，明治中期に多くの県で開始される同業組合検査の性格を，明治農政との関わりで考察することである。
　序章で見たように，研究史上ではその性格を「地主的」とするもの（『日本農業発達史』等），移出商人の利害とするもの（守田史郎等），県主導とするもの（大豆生田稔等）などがあった。こうした評価の違いは，米穀検査が一定の強制力を持ち，自由を束縛するものであることに関わっている。これまでは，強制力の背後に経済的利害があるものとして，地主や商人，そして県庁がその経済利害の主体と考えられたのである。
　しかし，明治の日本は，曲がりなりにも資本主義のルールを受けいれた体制であった。それ故，序章で述べたように，大原則の「自由」を規制するためには，少なくとも自由の束縛に勝る「公共性」が示されねばならない。その点で，県庁の主導性を強調した大豆生田氏は，米穀検査制度の背景に県経済の振興という「公共的な性格」[1]を指摘しているのである。
　ただし，序章で述べた「公共性」とは，地域的に限定されるものとは質を異にする。資本主義のシステムは体制的なものであり，「公共性」も国家的な枠組みで考えられなければならないだろう。つまり，当時の日本資本主義の発展における国民経済的な観点から見た「公共性」なのである。
　わが国の場合，確かに幕末時点でかなり高度な商品経済の発展を見ていたといっても，やはり欧米からの圧力に促迫されて資本主義の諸制度を短期間に移植して，国民経済の資本主義化が図られたことは否定できないだろう。

第 1 部　米穀市場の発展と米穀検査制度の史的展開

農業も商品経済はかなり浸透していたといっても，生産は依然として小経営的形態のままであり，工業を中心とする産業的な発展や都市人口の増大に対して，不均等に立ち遅れていかざるを得なかった。ここに様々な勧業政策が積極的に展開された根拠もあったといえる。

　中でも米のような国民の主要食糧の場合には，生産に対してはもちろんのこと，市場・流通に対しても国民経済上の観点から国は強い関心と関与を行ったはずである。序章でも述べたように，米穀検査制度が米穀市場の発展はもとより生産に対しても重要な役割を担うものであるならば，地方の利害に止まらず，国民経済的な観点からの国も関わりについての考察が必要なのである。

　この章は，国の食糧政策が米穀検査に強く関与を始める前段となる同業組合検査の性格とその限界を考察する。

注
（1）大豆生田稔「防長米同業組合の設立と米穀検査―1898～1907年」（『東洋大学人間科学総合研究所紀要』第12号，2010）p.284。

2．貢米制度の廃止と米質の粗悪化

　米穀検査の歴史で最初に問題となるのは，1873年（明治6）から開始される地租改正である。というのも，それによってそれまでの貢米制度が廃止され，地租の納入も金納とされたことを契機として，米質，乾燥，調整は悪化し，俵装・容量も区々となるという粗悪米の氾濫が全国各地で起こってきたからである。各府県の米穀検査事業の沿革も，すべてがこの時の自県米の品質低下，市場評価の下落から説き起こされている。このことは裏を返せば幕藩体制期にはかなり厳格な「米穀検査」の機構があり，各藩は米穀の品質改善や俵装，容量の統一にも力を入れていたことを物語っている。

　実際，『近江米同業組合記念誌』には，藩政期の年貢米納入の様子が以下

のように描かれている。

　「幕政時代米納の法たるや，自作小作を問はず，年貢米は挙て庄屋の宅に運搬し，庄屋，年寄，組頭等立会の上，米主は其面前にて一俵づつ桝取役の前に運び，其俵を開きて米を出し検閲を請ふ，桝取役は其内一握りを黒塗の角盆に盛り之を組頭の前に差出す，組頭は先づ其二，三粒を噛み砕き三日以上の乾燥なることを認め，且つ籾及折米，屑米等の有無を検閲し其上年寄，庄屋と之を順次検閲し，確かに正味十六貫以上なるを認めたる上にて年貢米たることを許可す。若し乾燥不足又は一握中に於て，籾八粒以上折米，屑米等も八粒以上づつあるを認むれば，更に精製を申付くるを作法とす」(1)

　このように，乾燥や整粒歩合が規格化されている点は興味深いが，それはこうして一旦納入された年貢米が藩主や藩士の手によって商品化され，それが国銘柄を形成しつつ流通するだけの米穀市場と問屋組織が徳川時代にすでに成立をみせていたからであった(2)。それゆえ各藩も，藩財政に直結するものとして，銘柄競争のため過酷な年貢米の「検査」を領民に強制していたのである。

　この結果として，藩政期の米質や俵装は余米として商品化されるものを含めて品質が保たれていたといわれる。しかし，そうしたものであるがゆえに，そこでの年貢米「検査」を近代的な意味での米穀検査の濫觴とするわけにはゆかない。何といっても年貢米の収納は商品交換ではなく，「検査」の履行自体が封建制下の経済外的強制に基づくものだったからである。地租改正を契機とする米質の悪化も，一方ではこのような永き経済外的強制から解き放されて，自由な商品化対応が許されたことの結果であった(3)。

　しかし，そうした粗悪米の氾濫が一気に，しかも全国的に生じるに至った要因については，上記の理由に加えて更に以下の３点を付け加えることができる。

　第１は，西南戦争（1877年，明治10）を前後してエスカレートするインフレーションである。それは高米価となって質を問わない「弊風」を一般化さ

せるものであった。第2は，地租の金納制に伴って米の商品化の主体がかつての藩主や藩士よりも零細な個々の小農民となり，その結果として農村に群小の小商人が簇生してきたことである。粗悪米はこうした仲買的小商人によって意図的に製造されることも少なくなかった(4)。そして第3は，米質の粗悪化を行政的に取り締ることが新政権には出来なかったということである。

この点では，宮城県の例が象徴的であり，かつ重要である。宮城県産米は，かつて江戸において「本石米」の声価を博したが，貢米制度の廃止と同時に粗悪化し，遂に東京米穀取引所受渡米格付けから外されることとなった。ここにおよんで，1878年（明治11）県令松平正直が粗悪米取締規則を制定して，地方庁自らが移出米の検査を開始した。ところが，それが着々と成果を挙げつつあった1881年（明治14），この年設立された農商務省の注意で廃止されてしまうのである(5)。

これは直接的には，いわゆる1881年（明治14）の政変によって当初の直接的殖産興業政策から民業非干渉政策へと勧業政策の一大旋回を見た結果であった(6)。しかし，より基本的には，そうした行政による直接的取締りが，私的所有と売買自由の商品経済社会を移植・育成するという明治の改革の方向に逆行するものだったからである。そこには，すでに資本主義の下での市場制度が持つ問題が端的な形で生じていたのである。

こうして，明治政府による粗悪米に対する対策も，それ自体を直接対象とするものではなく，あくまで殖産興業政策の一環としての在来産業振興策において展開されることになるのである。

注
（1）木村奥治『近江米同業組合記念誌』近江米同業組合，1933，p.2。
（2）鈴木直二『増補　江戸に於ける米取引の研究』柏書房，1965を参照。
（3）代表例として京都府の場合を掲げる。「本府産米は維新前藩政時代に於ては貢米の制度極めて厳密に行はれたるを以て品質・乾燥・調製・容量及俵装等完全なるものなりしも明治維新後貢米制度廃止せられ一般租税は金納に改められるに依り当業者は積年の困窮を免がれむとし品質の善悪を問はず徒らに収量の多きを望むの結果米種は漸次退化し且乾燥調製等年を逐ふて粗雑となり

又俵装に於ても甚しく粗悪にして二重俵は何時しか一重俵となり運搬取扱中に脱漏多く夏期の貯蔵に堪へず虫害少からず商品として統一を欠き市場に於て声価を失墜するに至る」(児玉完次郎『穀物検査事業の研究』西ヶ原刊行会，1929，p.101)。
(4) この点，野村岩夫『仙台藩農業史研究』無一文館書店，1932には，宮城県の状況が次のように述べられている。「殊に，中揚と称する奸商は，此の機に乗じて浮利に着目し，各郡村に入っては東奔西走，米穀を買出して一朝の利を獲得せんと欲し，粗雑異種の混合は勿論故らに籾，粃を混じ，甚しきに至っては水を灌き所謂アヒル米と称する不正米を生ずるに至らしめ，農家も亦奸商と相謀って之を為すものもあり，当時農商相呼応して本県産米の品位をして著しく失墜せしめた」(p.78)。
(5)「……，爾来農家も精良米の撰出に努め，商人亦漸く購買に注意するに至った結果，不精撰米は僅十中三，四に過ぎず，又粃，籾，砂上，混入の不正米の如きも殆ど其の跡を絶つに至った。然るに翌十四年九月に至り，農商務省からの注意もあり，粗悪米取締規則は之を廃止し，爾来各郡町村当業者をして，共進精良米仕立方申合規則を中心に自治的に改良せしむるの方針を執るに至ったのである」(同上書，p.87)。またその結果は，「効果挙らず，益々声価を墜し，再び旧に復するに至った」(同上書，p.87)のであった。
(6)「しかし明治十四年農商務省が設置され，政府の勧業方針の一大旋回を見るに及び，かかる地方官憲の米穀製方に対する検束は禁止され，一時復活を見た米穀に対する公的検束は廃絶した。ここに於て公的検束に代るものが必要となった」(池田美代二「日清戦争前後に於ける農会運動（二）」『帝国農会報』第28巻第7号，1938，p.121)。

3．殖産興業政策の展開と同業組合準則

　こうして，明治政府による最初の粗悪米対策となるのは，1884年（明治17）の同業組合準則であった。明治農政はすでに1881年（明治14）の農商務省設置以降の松方デフレの下で，間接的な指導奨励を柱とするものへ転換していた。それゆえ，この準則もそうした枠組みの中で全国各地の在来産業全般に起こってきた農談会，共進会といった老農を中心とする物産改良の動きを恒常的な組織に編成し，またそれを指導してきた各府県の勧業政策に根拠を与えるものとして布達されたものであった[1]。

第1部　米穀市場の発展と米穀検査制度の史的展開

表1-1　各府県における同業組合準則等の公示状況

青　森	1890年米作改良組合及米商組合設置法，米商組合準則，1885年同業組合準則，津軽産米輸出ニ関スル訓令，1885年津軽5郡米穀商組合規則準案。
岩　手	1896年米穀商組合規則。
宮　城	1885年米商組合規約準則，同業組合規約準案。
秋　田	1890-93年輸出米穀商組合規則。
山　形	1888年同業組合準則，1892年農事改良組合準則。
福　島	1884年同業組合準則。
千　葉	1884年同業組合準則，1889年農業組合規約準則，1892年同附則1。
新　潟	1885年同業組合準則，1888年米穀改良組合準則。
富　山	1887年輸出米検査規則，1894年農事改良組合準則。
福　井	1885年改良組合設置規定，1886年米改良準則，1887年製米改良組合規約，1888年輸出米検査規則。
長　野	1885年同業組合準則。
静　岡	1884年同組合準則，1895年米穀改良組合規則。
愛　知	1886年米質改良組合規約案。
三　重	1885年精撰米組合準則，1886年精撰米規約。
滋　賀	1887年米質改良業合取締規則，1890年同左に小作者奨励を加える。
京　都	1885年同業組合準則。
大　阪	1885年同業組合準則。
奈　良	1885年米改良組合規約準則，1895年大和米改良取締規則。
和歌山	1890年農業組合準則。
鳥　取	1887年稲米改良組合準則，1887年同業組合準則，1889年稲改良組合取締所。
島　根	1887年米穀改良組合準則。
岡　山	1889年米性質改良組合規約。
広　島	1888年輸出米検査規則，1892年産米改良組合準則。
山　口	1884年同業組合準則，1886年米撰俵製改良諭達，1886年米穀商人組合，田圃耕作人組合設置方，1887年米商組合取締所規約，輸出米検査所，1888年防長米改良組合準則，闇取締所規約。1893年防長米改良組合取締規則。
香川・愛媛	1885年勧業上の諭告，1893年稲作改良補助費。
福　岡	1886年輸出米検査準則，1887年農業組合設置手続，1888年輸出米検査規則。
佐　賀	1888年改良米取締規則，1888年輸出米取締規則，1895年輸出米検査規則。
大　分	1885年同業組合準則，1893年米穀改良組合取締規則，1894年豊前輸出米検査所。

注：日本農業発達史調査会編『日本農業発達史』第5巻，中央公論社，1955, p.48の第1表に，児玉完次郎『穀物検査事業の研究』西ケ原刊行会，1929，から若干の補充をして作成。

　こうして，**表1-1**に見られるように，各府県もまた同様な同業組合準則を公示するだけでなく，1885年（明治18）の奈良県「米改良組合規約準則」をはじめとして，西日本を中心に十数県にも及ぶ府県で直接，米を対象とした組合の準則が公示されることになったのである。この準則は，地区内の同業者3/4以上の同意で組合を設立することができ，設立されれば地区内の同業者は組合に加入せねばならないとされていた。

　しかし，罰則・強制規定はなく，あくまで「自治的」形式のものであった。ただし，この場合の同業者とは，「此準則中同業者トアルハ田園ヲ所有シテ

米或ハ其代金ヲ収得シ又ハ田園ヲ耕作シテ米ヲ収穫スルモノ及ビ米ヲ仲買又ハ販売スルモノヲ総称ス」(2)という防長米改良組合準則に示されるように，その多くは郡または農区ごとに地主，耕作者，商人のすべてを含むものであった。

このことは，「同業組合の設立」が『興業意見』（1884年，明治17）の重要方針であったことからいっても，前田正名の在来産業組織化の路線に沿って，農工商を一体とした直接輸移出の組織が意図されていたからであると言っていい。

それゆえ，各府県の改良組合準則では，林遠里の改良米作法に基づいた細詳な耕作法が指示されており，その中の一部分として販売米の検査も組合事業に位置づけられていたのであった(3)。

このように，明治20年代に地方庁によって組織化がめざされた米改良組合とは，地主，耕作者，商人を含み，生産方法の改良にかなりの重点を置いたものであった。しかし，実はこうした特徴の故に耕作法の改善には一定の成果を挙げながらも(4)，滋賀県と山口県を除いて他のほとんどが数年を経ずして跡絶えてしまう根拠も内包されていたのである。そのことは，むしろ後々まで活動を続ける滋賀県の米質改良組合の成功の要因から逆説的に明らかになる。

すなわち，滋賀県においても「明治八年地租改正の結果現物納付が金納制となり，此間米商人の乗ずる處となりて，生産者は唯だ手数を省き粗悪米と雖も多収ならんことを欲し」て，かつて名声を博した近江米も「江川の掃き寄せ米」の汚名にまみれるに至った。これに対し県当局も試作場の設置や農談会の開催，また1884年（明治17）には勧業委員の設置等を行なったが，それにもまして各郡内の「有力者」が事態を大いに憂えて「連日各郡に遊説して与論の喚起」に努め，あるいは行政に建議し，商人を組織するなどの運動があって，1887年（明治20）滋賀県米質改良組合取締規則の制定を見るに至った。しかもその間，小作人の不満はもちろん，特に「農村を駆け廻る米仲買人が一部の農民を煽動して反対的行動」をとるなどしていたために，「相

当制裁を加える規則の制定」が要請され，こうして滋賀県は全国でも例外的に制裁規定をもった「取締規制」として発布され，組合は設立3ヵ年にしてその効果顕著となり，事業は軌道にのってゆくことになった(5)。

このように，滋賀県の場合には制裁規定があったことを特徴とするが，それは利害の対立する小作人や商人も包み込んで地域利益を追求したいわゆる「有力者」の名望家的，指導的活動があって(6)，はじめて制裁も含む地方庁の指導，後援も可能となったというべきであろう。つまり「農界有力者の唱導と県当局の共鳴尽力」(7)の下に，生産農家および地主，商人までもが組織化されていったところに，滋賀県の米質改良組合が米穀検査で近江米の市場声価を上げてゆく主要な根拠があったと考えられるのである(8)。

そして，そこでのリーダーとして決定的な役割を果たしていた「有力者」とは，いわゆる老農や豪農といわれた手作り地主層であったと考えていいだろう。それだからこそ，松方デフレが解消しはじめる1887年頃より，そうした手作り地主層の寄生化が急速に進展してゆくことが，他の府県において改良組合の活動が行きづまる基底的な要因であったと考えられる。利害の対立する小作人，地主，商人のすべてを「自治的」な形で組織化してゆくには，かなりの指導性が要求され，しかも商品経済の発展が社会的分業を進めてゆけばゆくほど，それはむずかしくなってゆくのである。

そうした結果として，明治政府の政策自体も大きく転換されたことが，明治20年代に改良組合の活動がほとんど消えてしまう直接的な原因であった。横井時敬によれば，それは以下の如くである。

「農商務省設立当時は同業組合の設置奨励に全力を傾注するが如き観があった。而かも民間に自ら事を為さしむるという方法とは不似合に，各組合の設立認可権をば農商務省に於て之を収め，而も之れには農工商歩調を一にするの必要ありとし，各局課の会議を以て認可を与へることとしたので，明治二十二年省内に之れに対する反対的異論が起った。即ち農工商の如き全く事業の異れるものが，画一的規定に拠ることは不可能である。斯かる制度は畢竟その助長発達を阻害し，延いては産業貿易

の萎微衰頽を来たす虞ありといふのである。依って暫時その認可を見合せることとなったが為めに，事務の渋滞甚だしく，結局各局に於て認可することに決したが，実は組合制度そのものに慊焉たるものがある為めと謂はなければならないので，其後組合は多くは萎微不振に陥り，遂に後日他の同業組合法の制定に至るまで寧ろ放任の状態になったのである」(9)

　つまり，松方デフレの下で地方の在来産業を農工商一体として組織化し，それによって輸出を振興しようとした前田正名による殖産興業の路線が，紡績業に代表される移植産業の導入・定着にようやく目処が立ち，商品経済が進展しはじめた明治20年代はじめとなると，むしろ分業の進展を阻害するものとして政策的に放棄されるに至ったということである(10)。実際，1888年（明治21）民業非干渉主義者の井上馨が農商大臣となると，農学会に対して「農業振興方針」に関する諮問がなされ，それが『興農論策』（1891年，明治24）となって，改良組合は放棄されて農事改良に対する行政は系統農会の設立へ向かって動き出すことになった(11)。こうして前田正名が『農事調査』の最中に農商務省を追われたちょうど1890年（明治23）頃，改良組合による粗悪米対策も頓座することとなったのである。

注
（1）上山和雄「農商務省の設立とその政策展開」（『社会経済史学』第41巻第3号，1975），同「前田正名と農商務省」（『日本歴史』No.343，1976）。
（2）防長米同業組合『防長米同業組合三十年史』防長米同業組合，1919，p.34。防長米改良組合は，1886年（明治19）に一旦組織された地主，生産者の米撰俵製組合と商人の米商組合とが「其団結を二にして到底事業運用の全きを望むへからす」（同上）として1888年（明治21）の防長米改良組合準則によって合併せられ，各農区ごとに1組合が組織されたものである。なお，防長米同業組合については，序章で触れた大豆生田稔氏の一連の研究を参照。
（3）その各県ごとの内容は，前掲『日本農業発達史』第5巻，第4章「明治期における官府の稲作指導」に詳しい。一例を挙げれば「鳥取県は1887年稲米改良組合準則を定め，林遠里の農法を約定実行することを指示したが，これによって設立を見た各組合は89年連合して取締所を設け産米の検査に当った」

(p.56)。
（4）「第三回内国勧業博覧会審査報告抄」（『大日本農会報』第122号，1891）には次のようにある。「近年各地一斉に米質改良の必要を感じ，或は改良組合を設けて厳に検査法を施し或は教師を聘して稲種精選法を行ひ或は耕種法を改めて労費を省く等農家が其全力を米穀改良に用ひたるの効果は歴然たり」（p.55）。またそれには次のような但書きのある点も，次節との関連で注目すべきであろう。「今回改良の米多く本会に現出したるは其原由する所なきに非ずと雖外国輸出の関係は大に之を促したるものと謂ふへし」（p.56）。
（5）以上の滋賀県米質改良組合についての記述と引用は，前掲『近江米同業組合記念誌』，pp.4-8より。また同様な点は防長米改良組合についても確認され，こちらは1893年（明治26）に準則を取締規則に改めて，罰金等の規定を加えている（前掲『防長米同業組合三十年史』，p.50）。なお，両者の設立時の組合員構成を示せば，滋賀が農業73,551人（95.0％），商業1,824人（2.4％），農商兼業1,971人（2.5％），商業家族雇人37人（0.0％）の，計77,383人（100％），山口が地主（自作を含む耕地所有者）92,573人（72.3％），小作30,897人（24.1％），米商4,488人（3.5％），計127,958人（100％）となっており，商業者に対する農業者の圧倒的優位が共通の特徴であった。
（6）例えば，それは以下のようなことを意味する。「由来各部落に於ける米穀検査員及関係役員は一面産米の改良統一を図りて売買及小作料授受の便宜と価格の向上に貢献するばかりでなく，古来の庄屋に等しい職務を行ふものであって，換言すれば直接生産者と地主との間に介在して円満なる協調を図り，凶作に当っては減額率の決定幹旋や稲種の選択にまで奔走努力するといふ次第で，単に俵米検査を行ふという簡単なことではない。」（前掲『近江米同業組合記念誌』，p.6）。
（7）同上書，p.134。
（8）以上の近江米同業組合の内容は，大豆生田稔氏が詳細に考察した山口県の防長米同業組合でも，ほぼ同様に指摘することができる（序章で紹介した一連の研究を参照）。そこでは，「有力者」よりも県庁の役割が強調されているが，生産者，地主，商人をすべて組織し，県庁の行政機構を背景に制裁措置を強力に実施できたことが存続の主な根拠であった。
（9）三宅雄二郎監修『新日本史』第2巻「農業篇」（横井時敬稿），高朝報社，1926，pp.1419-20。
（10）そのような殖産興業政策をめぐる路線対立については，次のようなものを参照。長幸男「明治前・中期の小営業」（川島・松田編『国民経済の諸型』岩波書店，1968），同「ナショナリズムと『産業』運動」（長・住谷編『近代日本経済思想史1』有斐閣，1969），有泉貞夫「『興業意見』の成立」（『史学雑誌』第78編第10号，1969），祖田修『前田正名』吉川弘文館，1973。

(11) 武田勉「全国農事会略史」(武田勉編『中央農事報』第12巻, 索引, 日本経済評論社, 1979)。

4. 同業組合検査とその限界

1897年(明治30)に重要輸出品同業組合法が制定され, 更にそれを輸出品にとどめず物産一般に拡大した重要物産同業組合法が1900年(明治33)に制定された。これはかつての準則が強制力を欠いていたことがその不振の原因として反省され, 地区内同業者4/5以上の賛成があれば全員の加入を強制できるとした点に画期性がある。

このように, 明治政府が再び同業組合政策に本腰を入れた背景には, 日清戦争(1894, 95年[明治27, 28])後のわが国の貿易構造の中で在来物産の輸出が果たしつつあった役割がある。すなわち, 確かにこの頃綿糸や綿織物の輸出は急増するが, それは後進諸国向けであり, 結局「在来産業の発展としての輸出向け商品の拡大が外貨獲得をささえ, それが輸入を可能にするという関係において日本の産業革命の進展が保障されたのである」(1)。同業組合は, こうした在来産業の組織母体となるものであった(2)。

実際, 米ですらも, 明治20年代には80万石, 800万円(1896年[明治29])近くがヨーロッパ・アジアに輸出され, 一貫して輸出超過であった。こうした輸出米については, その長い輸送距離と時間から, とりわけ乾燥や俵装等の厳格な製品の確保が要求されるものだった。その意味で, 同業組合法の制定はこうした輸出米産地の要望に見合うものだったのである。

こうして, **表1-2**のように, 改良組合の活動を継続してきた滋賀県と山口県が1898年(明治31)に最も早く近江米同業組合, 防長米同業組合へとそれぞれ改組したのに続いて, 九州から山陰, 近畿にかけての輸出米産地(3)で県一円を区域とする同業組合が組織され, 同時に輸出米, 移出米の検査も開始されることになったのである。

第1部　米穀市場の発展と米穀検査制度の史的展開

表1-2　米穀検査を行う同業組合一覧

県名	同業組合名	設立年	区域	検査種類	組織主体	県営検査への移行年	備考
滋賀	近江米同業組合	1898(明31)	県一円	生産・移出	生産者・地主・商人	1930(昭5)	滋賀県米質改良組合を継承
山口	防長米同業組合	1898(明31)	県一円	生産・移出	生産者・地主・商人	1929(昭4)	防長米改良組合を継承
熊本	肥後米輸出同業組合	1898(明31)	県一円	移出*	商人・地主	1911(明44)	肥後米券倉庫を併設
宮崎	宮崎県米穀商同業組合	1899(明32)	県一円	移出	商人・地主	1911(明44)	郡農会による生産検査
佐賀	肥前米移出同業組合	1900(明33)	県一円	移出	商人・地主・運送業者	1917(大6)	1900年販売米取締規則
奈良	大和米輸出同業組合	1901(明34)	県一円	移出	商人・運送業者	1915(大4)	米券倉庫あり
鳥取	因伯米輸出同業組合	1902(明35)	県一円	移出	地主・商人	1911(明44)	
島根	出雲米輸出同業組合	1904(明37)	県一円	移出	地主・商人	1907(明40)	
福島	会津米同業組合	1905(明38)	1市4郡	移出	商人	1918(大7)	
〃	相馬米同業組合	1909(明42)	郡	移出	商人	1918(大7)	
京都	船井郡米同業組合	1911(明44)	郡	移出	商人	1915(大4)	
〃	南桑米同業組合	1911(明44)	郡	移出	商人	1915(大4)	

注：1）児玉完次郎『穀物検査事業の研究』西ヶ原刊行会，1929より作成。
　　2）*肥後米輸出同業組合は，1908(明41)より生産検査を開始。
　　3）大正にはいると福島と京都でさらに郡単位の同業組合が作られるが，省いた。
　　4）なお，北海道には雑穀検査を行う北海道雑穀同業組合連合会があった。

　しかし，これらの同業組合による検査は改良組合を継承した近江米を除いて，検査用語で言う「移出検査」であった。移出検査とは，いうまでもなく一旦産地問屋の手に集められた米が船積みされる時点で，品質，容量，俵装等を検査するものである。その意味で，容量や俵装といった流通上での標準化は確保されるものの，検査の持つもう一方の機能，すなわち産米改良に対する効果ははじめから限定されたものだったのである。
　この点は，これら同業組合が**表1-2**の組織主体に示されるように，「主として米穀商，運送業者及移出を為す地主にて組織せられ生産者たる農家を網羅

第1章　明治農政の展開と同業組合検査

せざる」(4) ものであった点からも確認できる。つまりそれは，生産者を含む改良組合的方向が頓挫した上に立つものであり，またそこに同業組合検査の基本的な限界もあったのである。

　それでも，それが一定の展開を見せたのは，輸出米はいうに及ばず，移出米についても，当時が汽船を中心とするいわゆる中継地的市場構造であったことから，県内の移出米が一旦集積移出地である港へ集中される構造があったからである (5)。したがって，未だ容量や俵装の標準化に焦点があった当時とすれば，移輸出米が必ずそこを通過することにより，移出検査も一応のチェック機能を果たすものだったのである。

　しかし，それは県内流通米に及ばなかったことはもちろん，輸移出量の増大と共に進む品質分散の拡大，現実的には低品質米（乾燥，調整，俵装といった製品としての意味で）の増大に対処し得えなかった。つまり，それは商人の流通費用の範囲内で開俵，再俵装したもので，生産における改良が進まない限り限界があり，商人や地主の負担の増大につながっていった (6)。

　実際，1888-92年（明治21-25）平均で38百万石であったわが国の米の消費量は，1902-07年（明治35-40）平均では48百万石と，この15年間に1千万石増大した (7)。それに対応する流通量の増大によって，次の「米穀俵造粗悪の実況」という『中央農事報』の記事に象徴されるように，改めて粗悪米を社会的に問題化させていたのである。

　　「殊に評中『改良の方法を設けたるも更に実行の跡なし』の如きは独り肥後米の俵造に止まらず一般農界には猶ほ此種の批評を下すべき者決して尠なからざるべし，地方農会は当時草創時代なるを以て俄かに万全は望むべからざるもかかる改良事業は農会当然業務として切々実行せられんことを望む」(8)

　ここにあるように，明治農政によって新たに農事改良の指導機関として位置づけられたのは，明治20年代後半の運動を通じて1899年（明治32）の農会法によって制度化された系統農会であった。当時すでに農会は，府県農会42，郡農会500余，町村農会8,000有余の組織を有していた。つまり同業組合検査

が移出検査にとどまることの穴埋めは，郡農会等が生産改良とともに生産検査を行なうことが上からは奨励されることになったのであった。

しかし，そうした要請にもかかわらず，郡農会が生産検査を行なった例は，奈良県と宮崎県に確認される程度で[9]，同業組合検査以上に普及しなかった。それはやはり，日清戦後の産業革命の進行と共に，米価が騰貴し，また小作料も安定化することによって土地所有の経済的利益が増大して，農会活動の中核となるべき手作り地主層が農事改良よりも土地兼併と寄生化を強めていったことの結果であった[10]。

「大地主豪農の如きは今日の農事改良なるものには全く冷淡或は却て農事改良の事を忌み嫌ひ農会の如きは余計の入費のみ掛るものと心得居るもの多し」[11]と，系統農会の実質上の中央組織，全国農事会幹事長玉利喜造が農事大会毎に地主の寄生化を批判し，農事への関心喚起を訴えたが，明治30年代を通じて系統農会の活動不振は覆うべくもなく，農会無用論が唱えられる情況だったのである[12]。

1901年（明治34）を画期とした短冊形苗代設置に代表される地方庁による警察機構をも動員した強権的な農事指導（＝いわゆるサーベル農政）も，また1903年（明治36），それらを公認し更に促進する意味をもった政府による14項目の農会への諭達も[13]，結局のところ地主の寄生化によって間接的指導奨励政策の中核が消失し，行政が自ら介入してゆかざるを得なくなったことの結果であった。それは，上からの農事改良を更に市場と結びつけるという意味で，地方庁自らが米の生産検査に乗り出す一歩手前の状況にほかならなかったのである。

注
（1）暉峻衆三編『日本農業史』第2章「日本資本主義確立期」（牛山敬二稿），有斐閣，1981，p.64.
（2）そうした積極的位置づけを同業組合に与えるものとして，以下を参照。上山和雄「明治前期における同業者組織化政策の展開」（『史学雑誌』第83巻第9号，1974），竹内庵「明治期同業組合の一考察」（『社会経済史学』第42巻第5号，

1977），同「在来産業再編成期における同業組合」（神戸大学大学院研究会『六甲台論集』第25巻第3号，1978），上川芳実「同業組合準則改良運動の研究」（『大阪大学経済学』第30巻第4号，1981），藤田貞一郎『近代日本同業組合序説』国際連合大学，1981．
（3）「海外諸国に向けて多量に輸出する米質は，中国の長防，九州の肥後，筑前，豊前をもって第一とし，備前，播磨，摂津，讃岐，安芸等を第二とし，伊予，伊勢，美濃，大和，河内等を第三とす。」（酒匂常明『米作新論』，農文協『明治農書全集第1巻　稲作』農文協，1983所収，p.180）。
（4）児玉前掲書，p.127．肥前米移出同業組合に関する記述。
（5）中継地的市場構造については，持田恵三『米穀市場の展開過程』東京大学出版会，1970，第1編第2章を参照。
（6）宮城県の例については中村吉治編『宮城県農民運動史』日本評論社，1968，pp.196-7の安孫子麟稿を参照。
（7）持田前掲書，p.52の第1・7表を参照。
（8）全国農事会『中央農事報』第2号，1895，p.43。同様に粗悪米と農会によるその矯正を問題とした記事としては，「産米の矯弊と改良に就て」（同第20号，1901），「最近十年間に於ける米質変遷の状況（一）（二）（三）」（同第30，31，33号，1902）参照。
（9）小野武夫『農村史』東洋経済新報社，1941，pp.527-8。また奈良県と宮崎県については，児玉，前掲書，p.106，p.133。
（10）それは農会の設立が，それまでの農会運動を換骨奪胎した形で上から組織されたものであることと無関係ではない。この点，栗原百寿『農業団体に生きた人々』（『栗原百寿著作集Ⅴ』校倉書房，1979所収）を参照。
（11）「第八回全国農事大会に於ける玉利幹事長演説の要領」『中央農事報』第9号，1900，p.8。
（12）武田前掲稿，pp.17-8。
（13）以上の強権的農事指導および農会への諭達については，前掲『日本農業発達史』第5巻，第2編第4章を参照。

5．おわりに

　以上，この章を簡単にまとめれば米穀検査の最初の要請は，明治政府が封建的諸制限の撤廃の一環として行なった貢米制度の廃止と米の自由売買の過程において，粗悪米の氾濫防止として生じてきたものであった。しかしそれ

を直接的,行政的に取り締ることは,自由売買を原則とする商品経済社会の建設という明治政府の方針に反することであった。こうして,まずそれは在来産業の組織化をめざす殖産興業政策の一環として,米質改良組合という形態をとって展開されたのが,明治20年代の特質であった。それゆえこの改良組合は,単に「自治的」なものだっただけではなく,地主,小作,商人を地域ぐるみで組織化し,中でも手作り地主層の指導的活動に期待するものであった。

しかしそれは,松方デフレ以降の日本の産業革命が軌道に乗る以前の政策基調であった。そのため,改良組合の活動も耕作法の改善に一定の効果を示しつつも,一方では手作り地主の寄生化によって,他方では殖産興業政策自体がより自由放任の方向へ転換することによって,滋賀県と山口県を除いては,充分な展開を見ることはなかったのである。

1897年(明治30)の同業組合法以降になると,九州・中国の輸出米産地においては,同業組合検査が展開されることにはなるが,それは米穀商および運送業者を中心とする移輸出港での移出検査であって,産米改良に対する効果には限界があった。そのため,それを補完するものとして,農会による生産検査も奨励されたが,産業革命の進展によって地主の寄生化が一段と進んでいた明治30年代には,それも普及し得なかったのである。その一方で米穀市場は急激に膨張し,そこでの産地間の市場競争も強まっていた。市場の制度化を意味する県営検査も,そうした市場競争の中で登場してくるのである。

この県営検査の性格を考察することが第2章の課題である。

(補) 米券倉庫について

ところで,以上の展開をある意味で裏書きしながら,また他面では例外をなすものに酒田米穀取引所附属山居倉庫に代表される米券倉庫がある。米券倉庫は,単に預かるものが米であるということだけでは決してなく,入庫に際して米穀検査を行ない,一定品質に達しない米の入庫を拒否する規約を持

つ点において，通常の倉庫とは基本的に異なる。つまりそれは，地方産米の改良という「公益的意義」を持ち，それゆえ純粋たる営利機関とは異なる性格を持つといわれる(1)。

　実際，山居倉庫の場合も，貢米制度廃止後に「荘内米ノ声価大ニ低落セルヲ以テ三郡ノ有志相謀リ荘内米改良法及預ケ方申合規則ヲ設ケ(2)」たのにはじまっている。また，当初の本間家から，1893年（明治26）に旧藩主酒井家へ経営が移ったのも，酒井家が地方の信望家であったためであり，その後の経営もかならずしも酒井家の営利のためとはいえない(3)。

　むしろそれは，かつて酒井藩が年貢米の納入を藩庁倉庫に一括してなさしめ，藩士への禄米は倉出指図証券である米札をもってした結果，米札は有価証券のごとく流通し，荘内米の銘柄としての確立に大きく寄与したという経験に基づいており(4)，倉庫を媒介することによって銘柄の確立を目指すものだったということができる。事実，山居倉庫の場合は，入庫に際して品位，等級，容量等を検査するだけでなく，それらを倉庫内で開俵，混米し，更に一層の標準化された山居倉庫米を製造することによって倉庫銘柄が確立され，また米預証券＝米券も一定の標準化された米の価値を体現する有価証券として流通したのであった(5)。

　しかし，こうした米券倉庫が明治30年代に強固な基礎を築きえたのは，利用者が産地商人だけでなく，本間家をはじめとする地主層であり，しかもあたかも藩政期のように小作米の納入は倉庫の入庫切符をもってする慣行があったことによる。つまり，それによって倉庫での検査は小作米の改良に役立つと共に，地主は居ながらにして良質の小作米を取得することが出来たからである(6)。

　このように米券倉庫は，地主層の寄生化にも適合し，小作米の改良と結びつくものであったところに，同業組合検査と異なって明治30年代にむしろ基礎を固める根拠があった。しかし，そのことは決して米券倉庫が全国へ普及してゆくことを意味せず，藩政期に年貢米を藩庁倉庫に収めるという経験をもった鳥取，熊本(7)，秋田，広島といった県に限られるものであった。つ

第1部　米穀市場の発展と米穀検査制度の史的展開

まり，あくまでそれは藩政期の慣行を前提としたものとして理解されねばならないのである。

注
（1）農商務省農務局『穀物ノ販売組織ニ関スル調査』農務彙纂第18号，1911，p.2。
（2）株式会社酒田米穀取引所『酒田米券倉庫由来及現況』1920，p.4。
（3）それら山居倉庫の歴史的展開ならびに性格については，小山孫二郎「大地主と庄内米の流通」（日本農業発達史調査会編『日本農業発達史』別巻上，中央公論社，1958）に詳しい。
（4）山形県産米改良協会連合会『山形県米穀流通経済史』1958，pp.14-5。
（5）同上書，第5章米券倉庫を参照。
（6）前掲『穀物ノ販売組織ニ関スル調査』は，米券倉庫の効果の1つとして「小作米取立上ノ利益，地主ハ倉庫ヲ利用シ米券ニ依リテ手数ト費用トヲ要セス小作米ヲ集ムルヲ得ヘク又米種等級ニ応シテ賞罰ヲ行ヒ円満ニ小作米ノ受授ヲ了スルヲ得ヘシ」（p.6）とある。
（7）肥後米同業組合付属の肥後米券倉庫については，持田前掲書，p.129以下を参照。

46

第2章　食糧政策の成立と県営検査

1．課題と視角

　この章の課題は，明治末から大正にかけて全国的に普及する米の県営検査の性格について，その頃成立する食糧政策との関連で考察することである。

　序章で見たように，多少のずれはあっても，明治末から全国的に県営の米穀検査，それも生産検査が施行されていくことは，研究史において1つの論点であった。それが初期の小作争議の導火線となったからである。しかし，なぜこの時期であったかについては，鉄道網の発達や米穀市場の全国的統一という一般的事象を除いて，積極的な理由の考察はなされてこなかった。西日本における農民的小商品生産の発展という西田美昭氏の指摘も，東日本を含めた県営検査の普及を説明する理由とはなりえなかった。

　これまでの研究史は，地主小作関係にこだわりすぎるあまり，日露戦争後に成立してくる食糧政策への理解を欠いていた。確かに，物納小作料形態をとる地主小作関係では，検査の強制によって生ずる利益は地主に，負担は小作人に帰属しかねず，初期小作争議の発生にも関わっていたので，米穀検査制度の性格を考える上で地主小作関係は重要な論点をなすものであった。しかし，検査の「強制」によって生じる利益は，生産・販売の当事者に止まらず，商品経済社会における取引の円滑化や品位の向上といった国民経済全体にも及ぶことにも，目が向けられる必要があったといえる。

　つまり，明治末からの米穀検査制度の制度化は，特定の利害を超越した国民経済的な観点から必要性を迫られていたと考える必要がある。そうであれば，それが農産物市場制度として社会的に定着するためにも，「公共性」や「中

立性」ないし「平等性」が不可欠の要素として強く要請されるものである。米穀検査制度と初期小作争議の関係も，このような観点から改めて位置づけ直してみる必要がある。

なお，ここで必ず生じると思われる誤解を避けるために敷衍しておけば，上記で使用した「公共性」や「中立性」，「平等性」という言葉は，実態における文字通りの機能を言っているわけではない。制度として定着するのに必要な「社会的認知」としてである。繰り返しとなるが，それは「売買自由の原則」に制約を課すために不可欠の理念であり，大義名分である。

こうした農産物市場制度の理解があってこそ，この理念と実態に生じたギャップを小作争議の発生理由として認識したり，さらにはその機能や動態的変化を考察したりすることも可能となる。従来のような「地主と資本家のブロック」といった利害丸出しの階級国家論では，農産物市場制度の正しい考察はできないのである。

2．米穀市場の近代化と県営検査

1901年（明治34）の大分県を嚆矢として，**表2-1**のように米穀県営検査が全国に普及してゆくことになる。このように，地方庁が県の事業として米穀検査を強制するに至る直接的背景は，すでに述べたように「自治的」な形での米質改良が立ち行かなくなったからである。大分県の場合も，「越えて二十六年四月米穀改良組合取締規則を発布し該規則に拠らしめたるも数組合を除くの外取締上寛厳宜しきを得ず為に改良の実蹟遅々たるを免れざりき。茲に於て県農会長及各郡米改良組合長等より県を区域とする強力かつ統一ある米穀改良機関設置の建議を見るに至る」(1)とある。

同じく1907年（明治40）に県営検査を開始する香川県の場合も，「県当局に於ても既に明治三十五年に重要物産同業組合法による改良組合を施設せしむるため百方勧誘に努めたるも当業者の之を迎ふる事冷淡にして終に成立するに至らず，爾来選種栽培籾の乾燥等各項に渉り極力奨励し益々産業の改善

第２章　食糧政策の成立と県営検査

表2-1　米穀道府県営検査の実施状況

	1898	99	1900	01	02	03	04	05	06	07	08	09	10	11	12	13	14	15	16	17	18	19
北海道																						▲
青森								○											▲			
岩手																	○		▲			
宮城							○				▲											
秋田								○				▲										
山形													○									
福島						同														○		
茨城													▲									
栃木													▲									
群馬																					▲	
埼玉																	▲					
千葉																▲						
神奈川																	同	○				
新潟									○					▲								
富山							○	▲														
石川									○					▲								
福井									○					▲								
岐阜														○							▲	
愛知														▲					○			
三重									▲													
滋賀	同																					
京都													同				▲					
大阪														▲					○			
兵庫											▲											
奈良				同													▲					
和歌山																					▲	
鳥取			同										○									
島根										○												
岡山						▲																
広島													▲									
山口	同																					
徳島													▲									
香川										▲												
愛媛																	▲					
福岡													▲									
佐賀		同																		○		
熊本	同												○									
大分				▲																		
宮崎		同											▲	○								
鹿児島					○						▲											

注：1）高知，長崎，静岡，長野，東京，山梨および滋賀，山口の県営検査は昭和４年以降。
　　2）○は移出検査，▲は生産検査，同は同業組合による移出検査，ただし滋賀，山口の両県は同業組合による生産，移出検査。

第1部　米穀市場の発展と米穀検査制度の史的展開

を絶叫せしも依然其の効果を収むるに至らざりき」(2) とある。

　しかし，県当局に県営検査に踏み切らせる，より基底的な誘因は，明治30年代の米穀市場の発達とその結果としての市場競争の激化にほかならなかった。大分県が全国で最初にそれに踏み切るのも，大分を取り巻く熊本，宮崎，佐賀が相継いで同業組合検査を開始し，大分のみ一人取り残される状況にあったからである。すでに近江米，防長米は同業組合検査でかなりの成果を挙げており，しかも明治30年代に入っての米穀輸出の減少と (3)，一方での国内市場の拡大は，防長米をはじめとして九州，山陰の輸出米産地の米を関西市場へ向かわせていた。

　こうして大分県に続いたのは岡山県であったが，重要なのは生産・移出の複式検査をとる県営検査が市場競争に抜群の効果を現わしたということである。

　「岡山県備前米は過去数年前に於ては防長米より下ること甚だしく摂津米，藩州米に比するも尚ほ遜色あるを免がれざりしが米穀検査開始以来大に面白を改め現に去る三十六年には防長米に比し平均一円内外の差額ありしに昨三十八年度には平均三十七八銭内外の差額となり既に播州米を一蹴して摂津米の累を摩せんとするに至れりと云ふ」(4)

　この衝撃は実に大きく，実際香川県は「産米検査ノ効果ニ於テ隣県岡山ノ実例ヲ見ルニ同県ニ在テハ明治三十六年ヨリ之ヲ施行セシカ翌三十七年ニ於テ己ニ一石ニ付金六拾銭ノ価格ヲ昇騰スルヲ得タリ仍テ試ニ之ヲ本県ニ於ケル県外輸出米約五十万石ニ積算セハ其額実ニ参拾万円トナルヘシ」(5) という試算に基づいて県営検査に踏み切る。こうしてすでに米穀検査は，「県下経済の消長」に直結する行政的課題となりつつあったのである。

　ところで，そうした市場競争は当初，輸出米産地の多い西日本でより激烈であったことはいうまでもない。同業組合検査の地域的分布がそれを象徴している。しかし30年代も半ばとなると，その競争は次のように東日本へと拡張されることになる。

　「因に肥後米は其品種以上の如く変遷異動せる為め，従前其得意市場

第2章　食糧政策の成立と県営検査

表2-2　深川倉庫蔵入米高の推移（外国米を除く）

(単位：千俵)

	地廻米	東海道米	北陸米	三陸米	両羽米	九州米	関西米	総蔵入
1887（明治20）-1891（明治24）	291 (11.1)	724 (27.7)	811 (31.0)	205 (7.9)	281 (10.8)	302 (11.5)		2,614 (100.0)
1892（明治25）-1896（明治29）	423 (16.4)	439 (17.0)	539 (20.9)	298 (11.6)	381 (14.8)	497 (19.3)		2,576 (100.0)
1897（明治30）-1901（明治34）	158 (6.9)	764 (33.4)	397 (17.4)	145 (6.4)	228 (10.0)	590 (25.9)		2,283 (100.0)
1902（明治35）-1906（明治39）	149 (5.4)	537 (19.5)	479 (17.4)	173 (6.4)	258 (9.3)	1,162 (42.1)		2,759 (100.0)
1907（明治40）-1911（明治44）	145 (3.9)	223 (5.9)	499 (13.3)	91 (2.4)	333 (8.9)	2,248 (59.7)	224 (5.9)	3,764 (100.0)

注：1）東京廻米問屋組合『東京廻米問屋組合深川正米市場五十年史』1927, pp.268-70より。
　　2）1907-11年平均の数字が，東京での総消費量の約7割と言われている。

とせる阪神の販路を縮小せるか，之に反し東京市場に向ては販路を拡め九州米の主位を占むるに至り，前途其形勢を増長するものの如くなれり」(6)

　これは，輸出との関連で早期に標準化を達成していた九州産米も，そもそも米質において優る畿内，瀬戸内の産米改良によって関西市場を追われ，東京市場へと進出していったことを示している。表2-2に示されるように，その勢いは実にすさまじく，これによって東海道・北陸・東北の米作地帯は多大の影響を被ることになった。関西市場を追われたとはいえ，俵装，容量の統一の程度に加えて硬質米である九州産米に，未だ粗悪米の域を出ない東北・北陸の軟質米は敵ではなかった。明治30年代末より，東北・北陸の諸県を矢継ぎ早に県営検査に向かわせたものは，この九州産米の東京市場への殴り込み的な進出であった。

　宮城県を例にとれば，「然るに明治三七年十月に及び同年の産米は秋場不良の結果米質の粗悪殊に甚しく仍って東京米穀取引所に於ては本県米を愈々其受渡米格付中より除外すべく内議熱せる旨の悲報突如として伝はりたれば茲に端なくも一大恐慌を呼び県下の識者は斎しく憂慮措く能はず」(7)となり，ここに「急拠予算を編成して通常県会に提案せらるる運びと」(8)なる。

　東北・北陸の諸県が西日本の如く初めから生産，移出の複式検査ではなく，移出検査だけでスタートするのも，そうした急迫状況への応急的性格として

51

理解していいだろう。こうして，市場競争に促迫されつつ米穀県営検査は全国に普及してゆくことになったが，重要なことは，こうした市場競争の過程が同時に米穀市場の構造変化の過程でもあり，それがまた米穀検査の一層の普及と整備・拡充を要求するものでもあったという点である。

すなわち，明治中期の米穀市場は内陸においては河川，遠距離輸送は汽船による海路という輸送手段に条件づけられて，ブロック的地回り市場と全国的隔地市場が二重性をもって存在し，両者が大河川港の中継地市場で結び合わされる，いわゆる中継地的市場構造を形作っていた。しかし，この中継地的市場構造は明治30年頃に成立を見たと同時に，船に換わる革命的輸送手段としての鉄道の発達によって解体されてゆく。何よりも日清・日露の２つの戦争は軍事的理由からも鉄道の発達を促進し，1907年（明治40）にはそうした理由から鉄道は国有化された。それがまた運賃の統一と低廉化をもたらし，米輸送の船舶から鉄道への移行は明治末にほぼ大勢を決するのである[9]。

こうした鉄道の発達に伴って，新たに東京，大阪の２大市場を中心とする東西の中央都市市場が形成されて行くと共に，この市場構造の変化に合わせた商取引形態の変化も生じて来た。すなわち，かつては中継地市場の産地問屋による消費地問屋への委託販売形態が主体であったが，鉄道の発達によりしだいに着駅中心の卸問屋による買付け取引が発展していった。

それは，第１次大戦後に完成する未着米の銘柄取引に向かう変化であったが[10]，この商取引が一般化されるためにも，各産地において商品としての米の銘柄等級を確立するための県営検査の普及が要請されることになったのである。なぜなら，鉄道の発達によって米の移出地が県内の各駅に分散されていき，かつてのように移出港をいわば関所として移出米の大部分の検査を行なうことを不可能にした。産地間競争が強まる中でそれに対処してゆく方向は，県営による生産検査以外にはなかったのである。

注
（１）児玉完次郎『穀物検査事業の研究』西ヶ原刊行会，1929，p.130。

（2）香川県穀物検査所『香川県穀物検査廿五周年記念誌』高松市，1933，pp.1-2。
（3）米穀の海外輸出は，明治30年代へ入ってしだいに減少し，1900年（明治33）以降完全な輸入超過に転ずる。
（4）『大日本農会報』第297号，1906，p.22。
（5）前掲『香川県穀物検査廿五周年記念誌』，p.1。
（6）『中央農事報』第30号，1902，p.33。
（7）（8）荒谷道太郎編『宮城県米穀商同業組合沿革』宮城県米穀商同業組合，1925，p.3。
（9）以上の明治期の米穀市場の構造，ならびに鉄道の発達を通じての米穀市場の構造変化＝近代化の記述は，持田恵三『米穀市場の展開過程』東京大学出版会，1970，第1編による。
(10) 以上についても，持田前掲書，第1編および第2編を参照。

3．食糧政策の成立と県営検査

　1907年（明治40）に深川米穀問屋が中心となって第1回全国米穀業者大会が開かれ，「速に米穀の検査法を制定施行すること」の決議がなされたのも (1)，以上のような米穀市場の変化に基づくものであった。しかし同じ頃，これまでまったく見逃されてきたが，また別の角度からも米穀検査の法制化は要求されつつあったのである。
　すなわち，その前年の1906年（明治39）第22帝国議会で可決された「穀物検査に関する建議案」には，以下のように述べられていた。

　　「本邦生産ノ穀物ハ概シテ乾燥不良，調整粗雑，容量区々，俵装亦完全ナラザルヲ以テタダニ売買取引上不便不利ナルノミナラズ脱粒，虫蝕，腐敗等ノタメ毎歳国家ノ損失ニ帰スルモノ実ニ驚クベキ巨額ニ達シ近ク外国産ノ米麦大豆等ノ輸入ヲ増加シ正貨流出ノ一大原因ヲナス，今コレヲ匡救セムトスルモ彼ノ重要物産同業組合法等ノ能ク其目的ヲ達シ得ベキニアラズ，故ニ各府県ヲシテ此ノ目的ヲ達セムガタメソノ地方ノ情況ニ於テ速ニ穀物検査ノ準則ニ関スル法律案ヲ提出セラレムコトヲ望ム，右建議ス」(2)（傍点—玉）

　つまり，ここで問題とされているのは取引上の不便よりむしろ，国民経済

的見地から見た流通過程における減耗と損失であった。それは，都市での米穀消費の急激な増大が，それまで地回り用，自給用だった乾燥，俵装不完全な米までも全国流通に引き込むことによって，相当な量に達していたからである。しかし，ここで重要なのは，それが「正貨流出ノ一大原因」とされていることである。

というのも，この正貨流出の阻止は，力に余るロシアとの戦争によって増大した内外債の償還と，復讐戦をおそれての軍備増強に努めねばならなかった政府にとっては，日露戦後経営最大の課題にほかならなかった。そのことが**表2-3**のように1900年（明治33）頃より輸入超過が恒常化し，日露戦後には常時200万石を越えるに至っていた外米輸入に対する対策を重大化させ，「サーベル農政」といわれた増産政策を積極化させるものであったことは，これまでも言われてきた通りである(3)。

しかし，そうした消費量の増大が都市における産業人口の増大の結果であったことは，それに対する米の増産も単なる量的な増産にとどまらず，遠距離輸送や保管に耐えうる商品として標準化された米の増産でなければならなかったのである。

こうして1910年（明治43）には，検査を行なう県や同業組合，また米問屋等を集めて農商務省による第1回「米穀改良に関する協議会」が開催された(4)。そこでの農商大臣の訓示は，まさに以下のようなものであった。

「近時農業の発達に伴ひ米の生産も年と共に著しく増加しつつありと雖も尚現時の状態に於て約二百万石内外の供給不足を見る是れを以て今後米穀生産の改良奨励を促すと共に収穫後に於ける腐敗虫害及脱漏等に因る米穀の減損を防ぐは独り農家の経済上に於て忽にすべからざるのみならず亦国家経済上官民の大に留意せざるべからざる所なるを信ず」(5)
（傍点—玉）

それゆえ，この協議会と同時に，県営検査を農商務大臣の認可制とする一方，手数料の徴収に法的根拠を与える省令「重要物産ノ検査手数料ニ関スル件」と，検査業務一般に関する次官通牒「重要物産ノ検査ニ関スル件」がこ

第2章　食糧政策の成立と県営検査

表2-3　米穀需給表（米穀年度）

単位：千石

年　度	内地生産	輸移入	輸移出	差引輸移入超過	総消費	1人当たり消費(石)
1892年(明治25)	38,181	104	478	△ 74	38,107	0.938
1993年	41,430	392	691	△ 299	41,130	1.004
1894年	37,267	1,359	526	834	38,101	0.923
1895年	41,859	774	874	△ 100	41,759	1.001
1896年	39,961	557	622	△ 65	39,896	0.947
1897年	36,240	2,051	758	1293	37,534	0.882
1898年	33,039	5,355	255	5100	38,139	0.885
1899年	47,389	409	1,090	△ 682	46,706	1.072
1900年(明治33)	39,698	1,096	355	741	40,439	0.918
1901年	41,466	1,423	499	924	42,391	0.951
1902年	46,914	1,453	674	779	47,693	1.056
1903年	36,932	5,560	320	5,241	42,173	0.921
1904年	46,473	5,953	453	5,500	51,974	1.122
1905年	51,430	5,610	229	5,381	56,811	1.214
1906年	38,173	3,531	259	3,272	41,445	0.876
1907年	46,303	3,250	274	2,976	49,278	1.030
1908年	49,052	3,151	255	2,896	51,948	1.078
1909年	51,934	2,528	379	2,149	54,083	1.108
1910年(明治43)	52,438	1,757	591	1,162	53,604	1.084
1911年	46,633	2,933	441	2,491	49,123	0.980
1912年	51,712	2,911	300	2,611	54,322	1.068

資料：持田恵三「食糧政策の成立過程(一)」(『農業総合研究』第8巻第2号, 1951) p.203より。
注：原資料は農林省米穀部『米穀要覧』1933。

の年に発せられた(6)。各府県の県営検査，殊に生産検査はこの省令を受けて開始されたと言える。事実，**表2-1**に立ち戻るならば，1910年（明治43）以前の県営生産検査は8県にとどまり，この年から1915年（大正4）までの6年間に，それは一気に25県にまで増加するのである。

更に，この1910年（明治43）は，生産調査会が設置され，「主要穀物ノ増収及改良ニ関スル件」の諮問がなされた年でもあった。この諮問の背景には，すでに述べた日露戦後農政の課題があったことはいうまでもないが，それに加えて「明治70年における米穀需給の推定」という国民食糧の長期見通しが初めて検討されたという意味で，わが国の食糧政策史上メモリアルな年であった(7)。そして，ここでもまた，国民食糧確保のための基本方策として，耕地整理や開墾，栽培法の改善と共に，第3として「品質及取引上ノ改良其ノ他」が協議され，「穀物ノ品質及取引上ノ改良ニ関シテハ既往ノ方針ヲ続

55

行」(8) することが確認されていたのである。

　わが国における食糧政策は，この生産調査会の答申を受け，1912年（大正元）の第30議会における外米輸入関税存続，植民地米移入税廃止をもって明確に「植民地を含めての『食糧の独立』＝自給政策」(9) として成立を見たと言える。それは，1907年（明治40）恐慌を背景に起こってくる初期社会主義運動や，戦争準備，正貨流出阻止等々といった様々な国家的課題に基づいていたが，中でも生産調査会答申に基づく内地米の増大及び品質・取引の改良を1つの重要な柱としていた。県営検査の普及は，その重要な一部分をなしていたのであり，したがって，明治末に県営検査が普及することの意味についても，この食糧政策を離れては評価しえないのである。

　それにもかかわらず，農商務省による県営検査の普及が国の法律によるのではなく，省令と行政指導によるものであった点もまた見逃されてはならない。第1次大戦後の日本農政の立役者となる石黒忠篤は，それを以下のように回顧している。

　　「この省令ではいけないから，国の法律を出してくれという要求がありましたが，これは中々やかましく，省令自体が憲法違反だという議論であります。何故ならば自分の作ったものを売るために，検査をして，それで等級づけられて，そのために価格が決められ等外のものは売れないということは，$\stackrel{・}{所}\stackrel{・}{有}\stackrel{・}{権}\stackrel{・}{の}\stackrel{・}{制}\stackrel{・}{限}$ということになって，$\stackrel{・}{自}\stackrel{・}{由}\stackrel{・}{を}\stackrel{・}{束}\stackrel{・}{縛}\stackrel{・}{す}\stackrel{・}{る}$，こういう議論で，これは非常にやかましく，農産課関係のやかましい法律論になった事件であります」(10)（傍点—玉）

つまり，曲りなりにも資本主義的経済体制をとる以上，売買の自由に抵触する検査の強制を，法律という国家規範とすることはできず (11)，あくまで行政指導として，しかも県における「公共の利益」という名分の下に諸利害を調整して進めざるをえなかったのである (12)。このように，県経済の利益という点に大義名分が置かれて県営検査が普及されたところにこそ，後の激しい産地間競争の過程で県営検査が問題となってくる根拠があった。

　それはともかく，このような「公共性」を名分とするものであった以上，

県営検査がある特定の個人や階層に利する不平等なものであっては，それが制度として定着し，効果を挙げることは期待すべくもない(13)。つまり検査は，あくまで市場取引から独立した第三者的な「中立機関」たることが求められたのである。

しかし，実際上の生産検査の強制は，改良の負担は小作人に，改良の利益は地主に帰属するものとなることは，まさに誰の目にも明らかであった。しかも，時はまさに「戊申詔書」（1908年［明治41］）が発布され，国家が一丸となって臥薪嘗胆し，不況を耐え忍ぶことが課題とされていた。その意味でも，地主小作間に紛争の種を播き，農村秩序を紊乱させるようなことは，絶対避けねばならない。ゆえに，地主小作間の利害調整こそ，県営検査の普及における最大の矛盾と課題を形作ることになったのである。

注
（1）日本食糧協会編『大日本米穀会史』日本食糧協会，1958，p.1，およびp.171。このほか決議では鉄道運賃率の一定化，貨車の配給，斗桝の形，材料の統一，俵装改良，一俵容量の四斗への統一，等々が提起されており，裏返せばそれらが未だ区々バラバラだったことを示している。
（2）大日本帝国議会誌刊行会編『大日本帝国議会誌』第6巻，三省堂，1928，p.1053。またその委員会審議では，「政府委員も大体に同意を表しました」(p.1095) とある。
（3）以上のような日露戦後の日本資本主義の課題から見た農政の展開については，『農林水産省百年史』編纂委員会編『農林水産省百年史』上巻（『農林水産省百年史』刊行会，1979）の第2章第7節「日露戦後経営と農政」（持田恵三稿）を参照。
（4）その協議事項については，児玉前掲書，「附録」pp.1-4。しかしその焦点は，次のように，商品としての米の最低規準の統一であった。「別項米穀改良会議の議題に上りたる米穀の検査は産米改良上最も必要なるものなるを以て之れを検査統一に関し協議を重ねたる結果，第一米の乾燥調整を善良にし，異種混合を止めしむる事，第二俵装を堅固にして且つ之を一定ならしむる事，第三容量を一定する事，第四品位に随ひ等級を区別し米の品位を改善する事としたれば右に基き各県連絡を取り検査の統一を図る筈なる」（『東京経済雑誌』第61巻1538号，1910，p.26）。
（5）『大日本農会報』第346号，1910，p.42。

第1部　米穀市場の発展と米穀検査制度の史的展開

（6）日本食糧協会編『戦前における歴代内閣の米穀食糧行政（一）』1977，pp.142-4。
（7）前掲『農林水産省百年史』，持田恵三稿を参照。
（8）太田嘉作『明治大正昭和米価政策史』図書刊行会，1977，p.206。
（9）持田恵三「食糧政策の成立過程（一）」（『農業総合研究』第8巻第2号，1954）p.244。もちろん，米騒動を契機として，食糧問題が体制安定に直結し，米穀法（1922年［大正11］）のような市場制度が作られてゆく第一次大戦後の食糧政策に比較すれば，成立といってもこの期の食糧政策は未だ初期形態ではあったが，それは世界資本主義の帝国主義段階への移行に対応するものであり，その方向性が以後も堅持されてゆくという意味では成立といってよいものであった。
（10）農業発達史調査会編『日本農業発達史』第5巻，中央公論社，1954，p.361。なおその原典は，「石黒忠篤講演」（『農産課三八会五十年記念行事録』所収）とされている。
（11）すでに1905年（明治38）の第21帝国議会では，政府が提出した検査の強制条項を含む「生糸検査法案」が，各方面から私権侵害の糾弾を受け，否決されていたのであった。「生糸検査法案に就て」『東京経済雑誌』第53巻第1323号，1906，pp.34-6を参照。
（12）山形県では，国の生産調査会に呼応して山形県生産調査会を作り，そこで産米検査を以下のように県経済の問題と位置づけている。「本県産米ハ乾燥不良，調製粗雑ナルヲ以テ搗耗リ歩合，貯蔵中ノ減米量及砕米甚ダ多ク其ノ損害十数万石ニ達シ俵造不良ノ結果ニ由ル漏米ノ量二三万石ニ及フヘシ故ニ産米検査ノ方法ニ依リテ是等ノ改善ヲ計ラハ前者ニ於テ八万余石後者ニ於テ二万石余ヲ利スルノミナラス同時ニ取引ノ便ヲ得輸出米ノ価格ヲ高メ得ルヲ以テ左ノ如ク百四十一万六千六百五十円ノ利益ヲ得ヘシ」（山形県『山形県生産調査』，山形県県史編纂室所蔵）。
（13）すなわち，先に引用した「米穀改良に関する協議会」の農商務大臣の訓示は続けて，「然りと雖ども米穀改良の事業たる本邦経済上並に社会上関係する所甚大なるものあるを以て之が経営の方針は常に公明正大苟も目前の毀誉褒貶に迷ふことなく大局に鑑みて根本を誤ることなからんことを望む」（傍点―玉，前掲『大日本農会報』第346号，1910，p.42）と述べている。

4．県営検査と小作人保護奨励施策

　この地主小作間の利害調整について，先の生産調査会の答申書は，品質お

よび取引上の改良の冒頭に,「小作人奨励方法ノ実施」として以下のごとく述べていた。

「元来我国ノ小作料ハ米ノ容量ニ依リ定ラレル習慣ナルヲ以テ改良事業ノ実施ニ伴ヒ地主ニ納付スル小作米ノ<u>品位ヲ高メント欲セハ之ニ伴フ容量ノ減少品質ノ改善労費ノ増加</u>等ニ関シ地主ニ於テ奨励米ノ交付其ノ他小作人奨励ニ関スル相当ノ方法ヲ設ケシムルノ必要アリ故ニ将来一層此点ニ意ヲ注キ<u>深ク地方ノ実況ニ鑑ミ</u>地主小作人間ノ調和ヲ保チ<u>殊ニ産米検査ヲ行フ場合ニハ</u>必ス小作人奨励ノ方法ヲ設ケシメ以テ乾燥調整方法ノ進歩ト穀物検査事業ノ普及ヲ図ランコトヲ期ス」(1)（下線部は,特別委員会の審議中に原案に付け加わったところを指す―玉）

これを受けて,農商務省は「答申書提出後における主要穀物の増収及び改良に関する施設」(2)で,農商務省としての対応を以下のように述べていた。

「米穀検査施行に伴ふ地主,小作人間に於ける利益の分配に就ては常に注意を怠らず明治四十三年府県検査所長会議に於ては本省大臣より特に此点に関し訓示を与へ其後詳細注意する所ありたり且つ本省より米穀検査事業監督の為め当該官使を府県に派遣する場合には是等の点に付き特に留意せしめ尚地方当局者に対し其都度注意を与へつつあり而して各検査施行地の実際を見るに地主,小作人間の調和円満なるにあらざれは到底良好の成績を挙げ難きを以て地方長官も亦特に此の点に関し意を用いつつあり,尚新に検査を開始せむとする府県に対しては地主,小作人間の調和を計り且利益の分配を公平ならしむるの計画を定めしめ而して後始めて認可を与へるの方針を採りつつあり」(3)（傍点―玉）。

ここに記された地方当局による地主小作間の利益公平を計る施設とは,地主を地主会に組織し,そこで「小作人保護奨励方法」,すなわち産米検査の等級に対応する奨励米の給付その他を協定せしめることで,ほぼ全国共通していた。いくつか事例として上げれば以下のごとくである。

「地主ノ小作人ニ対スル保護奨励ニ関シテハ米穀検査施行ニ先チ郡市長ニ諮問シ地主会々則準則ト共ニ小作者保護奨励規程準則ヲ一定シ努メ

テ小作者ノ奨励率ヲ一途ニ出テシメム…」(茨城県)
「本県ハ大正五年度産米検査ノ実施ニ伴ヒ小作人保護奨励準則ヲ発布シ地主及郡地主会ヲ督励シ之カ実行ヲ期シツツアリ」(青森県)
「本県ニ於テハ米穀検査事業開始ト同時ニ地主会規約準則ヲ配布シ之カ組織ヲ奨励セシニ村ノ多クハ此方法ニ準シ夫々土地ノ事情ヲ参酌シテ村ニ適当ナル地主会ヲ設置シ同会ノ主催又ハ村農会ト聯合主催ニテ小作米品評会ヲ開キ米ノ等級ニ依リ賞品ヲ給与シ特ニ改良ノ成績顕著ナルモノニ対シテハ表彰スル等両者間ノ融和ヲ図リツツアリ」(鹿児島県) (4)

　この地主会の奨励は，地主の不耕作化，寄生化が進んだ明治30年代に初めて提起され，日露戦後の地方改良運動にも位置づけられたが，それは明らかに地主を農事改良主体に引き戻すことを意図したものであり，したがって対抗的性質のものではなく農事の改良，小作人の保護奨励，地主相互の親睦等を目的とするものであった (5)。

　しかし，**表2-4**でも明らかなように，当初の組織化は遅々としたものであった。それが，1908年（明治41）以降，米穀県営検査の普及と連動して，小作人奨励施設としてはじめて組織化が進むのである (6)。しかも，東日本に多いといった地域性と共に県ごとにも数の差が大きく，そこからもその組織化には県の方針が強く作用していたことがうかがわれるのである。

　合わせて，ここで注意すべきは，県営検査の施行が県当局によって一方的になされたものではなく，かなり慎重な手続きを踏む形で実施に移されていたことである。全国初の大分県の場合も「県に於ても重要取引市場を調査し或は県下の主なる実業家を招集し勧業諮問会を開きて意見を徴する等種々調査考究」(7) されているが，こうした諮問会の開催はほぼどこの県の場合にも共通している。

　その中でも地主小作間の利益の分配には，一番の神経が使われていた。山形県を例にとれば，「県が移出米検査の実施にあたって，最も意を注いだのは地主対小作人の融和についてであって」(8)，県営検査開始の前年にあたる1910年（明治43）に，県は所有地価1万円以上の地主，農業篤志家を招集

第2章 食糧政策の成立と県営検査

表2-4 地区別に見た地主組合の設立数と米穀検査

	1887 (明20)以前	1888 (明21)-1907 (明40)	1908 (明41)-1912 (大1)	1913 (大2)-1917 (大6)	1918 (大7)-1921 (大10)
北海道			2	20	9 (1)
東 北	1	4	35 (3)	8 (2)	7 (1)
関 東		4	363 (2)	110 (3)	13 (1)
北 陸	2	3 (1)	32 (3)	19	9
東山・東海	2	36 (1)	32 (1)	26	30 (1)
近 畿	2	3	7 (2)	24 (2)	33 (1)
中 国	2	6 (2)	21 (1)	29	12
四 国		2 (1)	3 (1)	4 (1)	1
九 州		4 (1)	12 (4)	15 (1)	21
計	9	62 (6)	507 (17)	255 (9)	130 (5)

資料：農商務省農務課『本邦ニ於ケル農業団体ニ関スル調査』1924, pp.74-78。
注：1）括弧内は県営検査を開始した道府県の数。ただし、生産・移出検査の施行年が異なる場合は、生産検査施行年をとった。
　　2）関東が異常に多いのは、茨城県で多数の組合が設立されたことによる。

して諮問会を開催し、知事が直接訓示して「移出米検査が成功するか否かは、実に地主の協力の如何によるものであるとし、この検査の施行によって最も利益を受けるのは地主であるから、地主は小作人に対し、相当の奨励策を講ずるよう要請」(9) していた。

その上で県は、地主会を柱とする具体的な小作人保護奨励策をたて、その当否を県農会に諮問し、県農会の支持決議を受けて、それを「小作人保護奨励の告諭」、「小作人保護奨励の訓令」として発布した。米穀輸出検査規則が発布されたのは翌1911年（明治44）であるが、同時に「検査施行ニ関スル告諭」を発し、そこでも当業者は「一層業務ニ精励シテ産米ノ改良ヲ図リ、県下福利ノ増進ニ努ムベク、特ニ地主及小作人ハ互ニ相和衷協同シ、又地主ハ小作人保護奨励ニ関スル客年告諭第二号ノ趣旨ヲ実践スルコトニ努ムベシ」(10) と結ばれている。

しかし、それでもまだ十分に実行されていないと見て、県は翌1912年（大正元）内務部長名を以って、検査実施地の各郡市長に対し、検査によって生ずる利益と経費を計算の上、1等米20銭、2等米12銭、3等米5銭（俵装材料全部地主負担の場合）とまで明示して、「本年新穀出廻後御部内地主ニ於テ受検ノ際ノ、其ノ利益ヲ適当ニ小作人ニモ分配相成様十分御督使相成

61

度」(11)指示していたのである。

　このことから見ても，農商務省だけでなく地方庁もまた米穀県営検査の施行が，地主小作間の紛争となり農村秩序が動揺することを極力回避しようとしていたことは明らかであろう。もちろん，それはすでに市場経済の発達による必然として寄生化してしまった地主を再び温情主義的な施策で捉えようとする点で，矛盾を内蔵するものであった。

　実際，1911年（明治44）に帝国農会が行なった「町村農会の活動不振の理由に関する調査」を見れば，その理由の第1は，「大地主往々冷淡なること」，第4に「地主が往々小作人の利益保護に努めざるものあること」とされており(12)，地主会の任意の申し合わせで奨励米の補給等がどの程度一般になされたものであったかは疑問である。それゆえにこそ，西日本を中心に，米穀検査施行を原因とする小作争議が発生してくるのである。

注
（1）本文は太田前掲書，pp.206-8。なお下線部分は，特別委員会の審議中に原案に付け加わったところで，その付加の理由を特別委員長曾我祐準は次のように述べている。「之は，小作人として良い米を収めしむるようにするには，それを償うところの相当の費用を弁ずる，即に，小作人を奨励する法を設けなければならぬという事が最も主なる趣意で，此の修正を致しました。」（日本食糧協会前掲書，p.108。原典は『生産調査会録事』（2），pp.11-20）。
（2）『帝国農会報』第2巻第12号，1912，pp.22-6。
（3）同上書，p.26。
（4）宮城県内務部『小作人保護奨励ニ関スル施設事例』1917，p.10，p.13，p.70。同資料によれば，ほとんどの県が，「地主会会則」や「地主会規約」を県自らが作り，公示している。
（5）宮崎隆次「大正デモクラシー期の農村と政党（一）」（『国家学会雑誌』第93巻第7・8号，1980）pp.35-6。
（6）農商務省農務局『本邦ニ於ケル農業団体ニ関スル調査』（1924）には以下のようにある。「地主団体ノ大部分ハ主トシテ農業ノ改良発達，農村ノ改善及米穀検査ノ施行ヲ便宜ナラシムルノ目的ヲ以テ設立セラレタルモノニシテ従ツテ其ノ発達ハ小作人団体ノ夫ニ比シテ古ク小作問題勃発以前即チ明治四十一年ヨリ大正六年ニ至ル間ニ顕著ナルヲ見ルナリ」（p.1）。
（7）児玉前掲書，p.130。

(8)(9) 山形県産米改良協会連合会『山形県米穀流通経済史』1958, p.137。
(10) 同上書, p.154。
(11) 同上書, p.191。そこでの利益と経費の計算とは,まず利益は検査後1石当たり80銭から1円高価となったことに基づき,1俵につき少額に見積って25銭(a)とし,一方経費は俵材料費を7銭3厘(同,俵装賃銭および検査料8銭(c),合計15銭3厘(d)とする。これに基づき,甲,地主が(b)(c)すべてを負担する場合,乙,地主が(c)のみを負担する場合に分け,差引純利益は,甲約10銭,乙約17銭として,これを地主小作間で折半することによって,3等米奨励金を5銭と10銭と計算している。

乙の方が分配率がよいのは,その形態を奨励する意とも読める。よって結果は

	1等米	2等米	3等米
甲	20銭	12銭	5銭
乙	25銭	18銭	10銭

なお,それには更に,他府県での実施例が表2-5のような形で付記されている。前掲『山形県米穀流通経済史』pp.190-4。

表2-5 奨励米の実施例（1912年）

県名	米の種類	1俵当たり奨励額	実行割合
香川	合格米	米2升	100%
福井	甲合格米	2升又は15銭	100%
	乙合格米	1升5合又は10銭	
	乙合格下	1升又は5銭	
兵庫	合格米	1升	95%
秋田	一等米	15銭	65%
	二等米	10銭	
富山	上合格米	1升又は12銭	30%
鹿児島	一等米	3升5合	100%
	二等米	3升	
	三等米	2升5合	
	四等米	2升	
	五等米	1升5合	
石川	一等米	5升	40%
	二等米	3升	
	三等米	2升	
岡山	合格米	2升	96%

資料：山形県産米改良協会連合会『山形県米穀流通経済史』1958, pp.193-4。

(12)『帝国農会報』第1巻第11号, 1911, p.8。

5．米穀検査をめぐる小作争議と小作慣行

　以上から，米穀検査をめぐる小作争議は，まずは奨励米をめぐって発生することになった。岡山県における県営検査施行は，農商務省が検査行政に本格的に乗り出すよりも早かったこともあって，最も初期の事例を提供している。すなわち，「本県ニ於テハ明治三十六年米穀検査ヲ実施シ，産米及俵装ノ改良ヲ図レル結果，小作人ノ労費増加セルニ鑑ミ，一般地主ハ，奨励金穀ヲ給与セリト雖モ，地方ニヨリ地主ニヨリテハ，従来ノ小作料ノ低廉ナルヲ口実トシ，全ク給与セザルアリ，給与スルモ其額極メテ少キアリ，為メニ之ガ支給又ハ増額ヲ要求スル問題ハ，屡々発生シ，恰モ米穀検査ノ実施ハ，地主小作両者ノ利害ニ関シ，適好ナル紛争ノ口実ヲ与ヘタル感アリ」(1)と。

　具体的には，1907年（明治40）小田郡大井村大字西大戸部落と1911年（明治44）小田郡小田村で，費用増加に対する小作料減額ないし奨励米給与を要求する争議が報告されている。前者は双方相譲らず，小作人は土地返還同盟を作り，地主もまた労働者を雇って自作しようとして衝突し，刑事問題にまでなっている。ただ，前者は互譲協定にて，後者は玄米1石につき5升の奨励米の支給で比較的早期に結着を見ている(2)。

　兵庫県でもそうした紛争は「毎年収穫時期ニ於テ始終惹起スル状況」(3)とあるが，これらは結局，地主小作関係といっても，それは人格的関係も含めて多様で，一律には捉えがたいものであったことが第1である。第2には本当に公平な奨励米の量率を客観的に計算することは，そもそも難しいものであったことも指摘しておく必要がある。実際，地主と小作の間では全く利害が対立するのであるから，奨励米の量率も力関係に左右され易く，それがぶつかるときには容易に結着を見ない。こうして「協定を当事者のみに任すことは種々の弊害を生ずる虞あるを以て此所に直接利害関係を有せざる第三者を介在せしめて其の調停」(4)が行なわれることになった。

　1907年（明治40）福井県南条郡湯尾村湯尾で発生した奨励米を要求する争

議も,「郡長及警察署長カ仲裁ノ労ヲ採リ結局地主カ全要求ヲ容ルルコトニ依リ解決セリ」(5) とある。また1911年（明治44）に広島県蘆品郡常金丸村で起きた奨励米をめぐる小作争議も，経過は若干複雑だが,「茲ニ於テ内田村長ハ右協定ノ事項ヲ小作人及地主ニ示シタル処両者共村長ノ仲裁条件ニ異議ナク賛成シ紛争全ク終決ヲ告ケタリ」(6) とある。

しかし，このことは決して奨励米の実現によって，地主小作間で米穀検査による負担と利益の公平が計られたことを意味するものではない。事実，児玉完次郎の厳密なる試算によれば (7)，3等米でいってもそれは1石につき5升なければならないが，金丸村の場合は2等米で1升5合，1等米でやっと3升に過ぎない。しかも4等，5等の場合にはそれぞれ1升，2升5合の罰米をとられるといったものであった (8)。

それゆえ「本紛争以来小作人ハ自己ノ正当ナル利益主張ヲナスコトヲ怠ラス地主ニ向テ奨励米ノ増加ヲ要求セリ」(9) という状態が続き，その結果また「以来村長内田氏ハ，地主ノ意見ヲ重スルト同時ニ小作人ノ要求ヲモヨク容レ極力之カ協調ニ努メ奨励米ノ如キモ可成小作人側ノ利益ナル様ニ改正ヲナシ今日ニ於テハ地主小作人間ニテ紛争ヲ見ルコトナシ唯一部地主ハ村長カ極端ニ小作人ヲ擁護スルモノナリトナシ面白ク思ハサルモノアリト言フ」(10)。

奨励米とは，決して客観的に測定できるものではなく，利害対立を紛争化させないために双方が妥協できる相場であって,「仲裁者」の行動もその相場を探る秩序維持的なものであったといわねばならない。ともかく，こうした上からと下からの双方相まって，奨励米の給与という新しい小作慣行が米穀検査と共に形成されたのである。すなわち，1912年（大正元）の小作慣行調査は,「産米検査カ小作慣行ニ及ホセル影響」として，以下の4点を指摘している。

1）小作米品質ノ標準定レルコト
2）従来区々ナリシ一俵ノ容量及俵装ノ方法一定セルコト
3）「口米」「込米」「サシ米」等ノ慣行無キニ至リタルコト
4）米製俵改良ノ報償トシテ多クノ地方ニ於テハ小作米ノ検査等級ニ応シ

第1部　米穀市場の発展と米穀検査制度の史的展開

表2-6　奨励米交付および罰米徴収地主割合（1921年「小作慣行調査」）

単位：％

道府県	強制任意の別	奨励米交付地主割合	罰米徴収地主割合	道府県	強制任意の別	奨励米交付地主割合	罰米徴収地主割合
北海道	強	大部分	大部分	大　阪	強	82	4
青　森	強	55	3	兵　庫	強	90	欠記載
宮　城	強	22	0	和歌山	強	35	0
秋　田	強	82	66	鳥　取	（移）	65	65
山　形	任	100	0	島　根	（移）	100	0
福　島	半強	97	0	岡　山	強	95	0
茨　城	強	77	稀	広　島	任	極メテ稀	極メテ稀
栃　木	強	87	稀	山　口	強	25	稀
群　馬	強	95	稀	徳　島	強	90	10
千　葉	強	90	20	香　川	強	殆ト全部	0
神奈川	強	99	0	愛　媛	強	95	10
新　潟	強	90	40	福　岡	強	65	0
石　川	強	88	35	佐　賀	任	18	2
福　井	強	45	10	長　崎	（移）	85	20
岐　阜	強	100	稀	熊　本	（移）	60	30
愛　知	強	60	3	大　分	強	27	0
三　重	強	90	5	宮　崎	強	66	52
滋　賀	強	80	18	鹿児島	強	30	10
京　都	強	97	6				

資料：農地制度資料集成編纂委員会『農地制度資料集成』第1巻, 御茶の水書房, 1970, pp.465-72。
注：1）強制任意別の欄にある（移）は、移出検査のみで生産検査が無いことを意味する。
　　2）県営検査が施行されていない県、および記載欠落の埼玉、富山、奈良を除く。

奨励米又ハ奨励金ヲ交付スル新慣行起リタルコト (11)

　更に，1921年（大正10）の小作慣行調査でも，**表2-6**のように極めて詳細な調査が行なわれ，「小作米ノ納入ニ関シテ地主カ検査スルノ手数ヲ省キ得タルモノ（北海道，大阪，兵庫，群馬，千葉，愛知，秋田，石川，山口，徳島，福岡，熊本）」「従来徴収シ居リタル込米ノ類ヲ廃止スルニ至リシモノ（大阪，愛媛，兵庫，愛知，滋賀，三重，岐阜，島根，茨城，青森ニ其例アリ）等アリテ一般的ニハ小作米ノ容量及ビ品質等ニ就キテノ地主，小作者間ノ紛議ヲ防キ其ノ統一ヲ見ルニ至レリ」（傍点—玉）と指摘されている。まさに，奨励米がどの程度本来的意味での負担と利益の公平な分配になったかは別として，地主小作間の利害対立を紛争化させない程度までの調整作用を果たしていたのである。

　更に，これまで脱漏を見越して慣行化されていた込米の廃止は小作料減額

をも意味するものであった。このため「大阪，愛媛（以上一般的），並京都，新潟，三重，滋賀，岐阜，岩手，島根，岡山，徳島，香川，大分（以上一少部分）ノ諸府県」(12)においては，「込米ノ廃止ヲ考慮シテ奨励米ノ分量ヲ定メタル」(13)という妥協的対応がなされているが，他の府県は両者は無関係に決められ，そのために新潟，岐阜等ではこの込米をめぐって大きな争議が発生している。

　新潟ではこの込米をめぐって小作人協会が設立され，その活動が後まで継続されてゆくことになるし(14)，また岐阜でも生産検査開始の1917年（大正6）以降，込米撤廃闘争が第1次大戦後の小作争議に連続してゆくのである(15)。これは，明らかに地主側が「込米ヲ廃止スレハ次ニハ小作料ノ減免ヲ要求スルニ至ル」(16)ことを恐れ強く抵抗したからである。しかし，それにもかかわらず，込米は撤廃の方向へ向かってゆくのである。

　このように見ても，県営検査の普及は奨励米という新しい小作慣行を創り出し，検査をめぐる地主小作間の利害対立を調整していっただけではなく，地方によって区々であった小作慣行自体をも商品経済の進展に一定程度見合うものへと全国的に平準化させてゆく作用も果したのであった。そしてそうした関係が作り出されてゆくことによって，米穀県営検査も1つの市場制度として社会的に定着してゆくことが出来たのである。

　もちろん，一旦寄生化した地主を再び温情的たらしめようとしてもそれは無理であり，地主会の活動は大正中期ともなれば全国的に「有名無実ノ状態」(17)となり，また「（奨励米補給米ノ交付アルモ未タ充分ニ之ヲ補ハス）小作人カ小作料ノ減額ヲ要求スルニ至レル地方」も常にあった。そのような意味でも，米穀検査をめぐる地主小作間の利害調整は，常に再調整を必要なものとして，行政の前に突きつけられていたといえる。

　それ故に，米穀商から早期に提起され(18)，1910年（明治43）の「米穀改良に関する協議会」でも論議された玄米の重量取引とそのための重量検査は実施に移しようもなかった(19)。なぜなら，それが合理的であることは自明であっても，その実施は容量をもってする小作料の納入に大変革をもたらし，

第1部　米穀市場の発展と米穀検査制度の史的展開

更に広範な紛争の種を播くことになってしまうからである。重量取引と重量検査はその後も問題となり続けるが，それが達成されるのは，第2次大戦下の国営検査においてであった。

注
(1) 岡山県内務部『小作争議ノ沿革及現況』1924，p.4。
(2) 同上書，pp.3-4。
(3) 農商務省農務局『小作争議ニ関スル調査其ノ一』1922，p.24。
(4) 児玉前掲書，p.436。
(5) 前掲『小作争議ニ関スル調査其ノ一』p.225。
(6) 同上書，p.336。
(7) 児玉前掲書，pp.428-36。これはきわめて厳密なるものだが，その分仮定も多く，どの程度の妥当性をもつかはわからない。奨励米とはそのように地域や生産条件等々で千差万別の因子を総合したものだったのである。
(8) 前掲『小作争議ニ関スル調査其ノ一』p.335。
(9) 同上書，p.337。
(10) 同上。なお，この事例は，田中学「日本における農民運動の発生過程」(『経済学季報』第17巻第3・4号，1968) が詳しく分析している。田中氏はその性格として，小作慣行や小作料そのものを変更しようとした積極的なものではなく，負担増大をはねかえすことを目的とした防衛的，自然発生的なものであったこと。比較的早期に結着を見ているが，ともかく一定の成果を獲得したことで，小作人の権利意識が著しく助長されたこと。また特に県当局が奨励米給与を勧告していたことが，小作農に大義名分を与えたこと等を指摘している (pp.160-70)。
(11) 農地制度資料集成編纂委員会『農地制度資料集成』第1巻，御茶の水書房，1970，p.136。
(12)(13) 同上，p.473。
(14) この点についても，田中前掲稿に分析がある。pp.164-70を参照。
(15) この岐阜県における込米撤廃闘争については，森武麿編『近代農民運動と支配体制』柏書房，1985，第1章を参照。
(16) 同上書，p.19。なおその原典は，農商務事務次官小平権一『岐阜県下ニ於ケル小作紛争ニ関スル調査復命書』1921である。
(17) 「本県ニ於テハ明治四十年穀物検査規則発布ノ当時小作奨励米ヲ一定スルノ要アリ各郡地主会ヲ設置セシカ当時目的ヲ達成シ現今ニテハ有名無実ノ状態ナリ」(前掲『小作争議ニ関スル調査其ノ一』，p.361)。また大正中期には，小作争議が激しくなって，以下のように地主会を奨励すること自体ができなくなり，

地主小作双方を含む協調組合の奨励へと政策はシフトしてゆく。「従来本県当局ハ地主会ノ設立ヲ奨励セシモ現今ノ趨勢ヨリ観察スルトキハ斯クノ如ク地主会等ト称スル対抗的ノモノヲ作ルハ宜シカラサルヲ以テ将来ハ斯クノ如キ名サヘセ避ケ地主小作人ノ混合組合ヲ作ルコト」（同上書，p.230）。

なお，協調会『最近の社会運動』協調会，1930，p.378以下も参照。
(18) 容量は手加減しだいで量目に多少を生じ，検査にあたっても開俵を必要として煩わしきことこの上もなかった。そのため大日本米穀会は早くも1909年（明治42）の大会で重量取引を主張し，以後一貫して運動を続けてゆく（前掲『大日本米穀会史』，p.21）。
(19) この協議会の協議項目には，「米穀重量取引ノ利害及若シ重量取引ヲ利トセハ其ノ実施方法」がある（児玉前掲書，「付録」p.2）。また生産調査会答申書にも，「漸次実績ヲ挙クル為ニ適宜誘導ノ方法ヲ講セントス」という項目に，「桝量受渡ヲ重量受渡ニ改ムルコト」があった（太田前掲書，p.208）。

6．おわりに

1915年（大正4）に農商務省は第2回「米穀改良に関する協議会」を開催する。当時すでに「府県又は同業組合の事業として米穀の検査を行うもの三十二府県の多きに達し，旧態を一新する」に至っていた。しかし，前年に始まった第一次大戦は，消費制限にまで至ったドイツの例を待つまでもなく，「本邦国民の最大食糧品たる」米の生産が，「一朝有事に際しては国家の持久力とも密接なる関係を有すること」を改めて政府に痛感させ，なお「一層米穀生産の改良発達を図ると同時に，収穫後に於ける腐敗，虫害及脱漏等に依る減損を防止し，食糧品の充実を計る」(1) 必要を要求していたのである。

それは，県営という形で普及した米穀検査をより強固に定着化させるということにほかならない(2)。それゆえ，ここでも「補償米の交付」について農務局長が次のように述べていたことに，特に注意すべきである。

「米穀改良事業に依って生ずる利益を地主及小作者間に公平に分配せしむるは，本事業の施行上一日も忽にすべからざる事項たり，此の点に関しては各地方共相当注意せらるることを疑わずと雖，今後一層の注意

あらんことを望む」(3)
　更に,「産米の声価を博せむが為検査員に於て品質を偏重し,経済上有利なる品種を排斥するが如き弊なきや」(4) ともあり,検査があくまで増産という国家の食糧政策から外れることのないよう注意を行なっていた。
　さて,前章で見たように,明治中期までの米穀検査は明治20年代の改良組合にしても,30年代の同業組合にしてもあくまで「自治的」性格のものであった。それは最初に米穀検査を要請したものが,貢米制度の廃止の結果起こってきた粗悪米の氾濫だったという意味で,行政が検査を行なうことは,封建的諸制限を撤廃し,自由な商品流通を原則とする資本主義社会を建設するという明治政府の政策に逆行するものとして忌避されたからである。
　しかし,米質の粗悪化,市場声価の下落は,地域の経済にとって重大な影響を与えるものであった。それゆえ,政府の殖産興業政策を受けつつ,名望家的な手作り地主層の指導的活動に依拠する形で地方庁が推進しようとしたのが改良組合だったのである。しかし,商品経済の発展は手作り地主層の寄生化を進め,また殖産興業政策も自由放任的に転換させることによって,滋賀県と山口県を除いては改良組合による検査は定着することはなかった。1897年（明治30）以降は,米商人による同業組合検査が米輸出産地で展開を見たが,これは生産者を含むものでないという意味で産米改良の面で限界をもつものだったのである。
　一方で明治30年代に米の消費量は急激に増大し,それに伴って流通量も増大しただけではなく,市場における産地間の競争も激しくなっていった。米穀県営検査は,直接的にはこうした競争の進展に県の勧業行政が応えようとしたものであった。しかもその効果が市場価格の上昇となって歴然と現われることによって,他の府県にも対応を迫るものだったのである。
　しかし,それが市場制度としての根拠と規準をもって普及されてゆくのは,1910年（明治43）の農商務省令以降のことであった。それは県営検査の普及が,流通過程上での減耗を削減することによって,正貨流出の一大要因となりつつあった外米輸入の縮減に貢献するものと位置づけられたからであった。

第2章　食糧政策の成立と県営検査

　つまり，県営検査は，植民地を含めた帝国内自給化という形でこの頃成立を見せる食糧政策の一環として普及されることになったのである。
　このような意味において，従来のように，県営検査を地方庁が地主の利害に立って推進したものと性格づけることが，如何に皮相な理解であるかは明らかだろう。それがそのまま施行されれば小作人には負担増を，地主には利益をもたらすことは誰の目にも明らかであって，それが「徒に農民の恨を招くのみにして，其の効果を収むること能わざる」(5) ことも，これまた自明である。だからこそ，奨励米を柱とする小作人保護奨励が，政府によっても，地方庁によっても，県営検査実施のための条件として地主に対して指導されていったのであった。
　もちろん，実際において米穀検査が相対的に地主有利に作用した場合があったことは充分考えられる。またそれだからこそ，米穀検査をめぐる小作争議も発生してきたのであった。しかし，地方当局はこれまで言われてきたように，それを権力的に弾圧したのではなく，むしろ奨励米という新しい小作慣行をより徹底させ，またその量率を地主小作間で，紛争が起きない程度にまで調整することによって(6)，その市場制度としての「公共性」と「中立性」の確保に取り組んでいた。
　これまでの単純な階級国家論は，政府や地方庁を地主の階級的道具としか発想できないために，地主会の設立や奨励米の普及，利害関係の調整をまともに評価することができなかったのである。政府や地方庁にとっては，県営検査は市場制度として社会的に定着させ，それが乾燥，俵装改良をはじめとする産米改良と流通減耗の削減，取引の円滑化といった市場経済的機能を発揮させることによって，国家的，体制的利害や県経済の振興を果たすことの方がより重要な課題だったのである。
　ただし，県営検査はそのような国家的意義のものであったにもかかわらず，政府が直接法律によって制度化したものではなく，あくまで各道府県が自県経済の利益を大義名分として，県単位で制度化されていったものであった。それはこの段階でも未だ「売買自由の原則」の前においては，政府が直接前

71

面に出ることを許さなかったからである。

　ここに次の段階における問題が孕まれていた。なぜなら，県営検査が食糧政策に沿って機能してゆくためには，その検査内容が統一化の方向へ向かうものでなければならない。実際，大正末まではその方向で整備が進み，それが第一次大戦後の米穀市場における東西二大ブロックの下での銘柄等級制の確立の物質的条件となったのであった。

　しかし銘柄等級制の確立は，銘柄競争を促し，とりわけ植民地米の進出が，各県を単位とする産米改良競争を熾烈なものにして，県営検査は各県の産米改良と製品差別化のための手段として再び，統一性を失ってゆくだけでなく，自虐的なまでの厳格化を進めることになる。

　他方で，米穀統制のための市場の制度化と組織化を進めつつあった政府にとっては，銘柄競争は米穀統制を乱すものとして，銘柄整理が緊急課題となり，ここに国営検査が政策プランに登場することになるのである。しかるに，結局のところそれは戦時統制の一環としての食糧管理制度の一部分に，統制品の収納検査としてしか達成されなかった。それはなぜか。その解明が第3章の課題である。

注
（1）以上の引用は，協議会における道家農務局長開会の辞（日本食糧協会『戦前における歴代内閣の米穀・食糧政策（二）』1978，p.348）。
（2）事実，この段階では未だ県営検査は完全に定着したものとはいえなかった。例えば，福岡県の場合は，1911年（明治44）に施行されるが，「生産検査は実施間際に於て検査の程度峻酷に失するなきやの疑懼を懐く反対的団体醸成し」，実施は築上，京都の2郡のみで他は延期され，「大正二年三潴郡の一部に生産検査を開始し其の成績亦良好にして殆んど前者を凌ぐの好結果を得。次いで大正三年遠賀・糸島二郡及鞍手・糟屋・三潴各郡の一部に施行したる所再び反対団起り実行困難に陥りたるも能く其の効果を指摘して誤解を除去し大正五年更に鞍手郡の残郡及嘉穂田川糟屋各郡の一部に施行し爾来年々拡張して大正十一年に至り県下全部に検査を施行するに至る」（児玉前掲書，p.125）のである。
（3）日本食糧協会，前掲書（二），p.349。

（4）『帝国農会報』第5巻第3号，1915，p.124。
（5）第2回「米穀改良に関する協議会」における河野農商大臣の訓示（日本食糧協会，前掲書（二），p.351）。
（6）ただし，この段階の地主小作間の調整は小作権を強化しようという方向よりも，地主を再び小作人の保護者に引き戻そうという逆向きの介入であったという意味で，第一次大戦後とは基本的に段階が異なる。柳田国男は，以下のようにその点を批判して小作料金納制を提起したのである。「全体，地主が人に農業をさせて置きながら，改良の必要を唱へるのは手前勝手の話で，小作人と休戚を共にするやうな昔風の地主ならば兎も角も，所謂不在主義の地主が之を説くに至っては不条理の言たるを免れません。要するに小作料米納の慣習の下に米質改良策が効を奏せないのは当然であります。故に恐ろしい法令の力を借りるのです」（柳田国男『時代ト農政』[『明治大正農政経済名著集5』農文協，1976所収] p.347)。

第3章　銘柄競争の展開と米穀市場統制政策
―昭和戦前期の銘柄整理問題―

1．はじめに

　この章が対象とするのは，前章のおわりに述べたように，一旦は全国的に統一化に向かった県営検査の検査内容が，昭和に入って産米改良競争が熾烈化するのに伴って再び統一性を失っていく過程である。この過程は同時に，米価の下落によって疲弊した農家経済を救済するために米穀市場統制が本格化していく過程でもあった。

　問題の根源は，やはり米穀検査制度の性格にあった。明治末から全国に普及する県営検査は，帝国内自給化を目指す国の食糧政策を推進力としたものであったが，国の関与はあくまで間接的なものでしかなかった。すなわち，法制的には地方が手数料を徴収することに根拠を与えた省令（1910年［明治43］）があるのみで，検査方法の統一を決めた穀物検査会議にしても，それは参加者一同の決議でしかなかったのである。「売買自由の原則」は体制の根幹としてあまりに重く，それを規制する制度を政府が法律で制度化することはできず，あくまで各府県の責任において地域経済振興策として実施されたものだったのである。

　それに加えて，検査制度とは，形状的・品質的な種差を宿命的に持つ農産物に規格を設けて，商品化に不可欠な標準性を付与するものだった。しかし，規格と標準品も地域や品種が持つ特色を完全に消し去るものではなく，裏を返すと標準化は他の地域や品種に対する差別化にも成り得るものであった。つまり，検査によって保証される銘柄等級は，あたかも独占資本のマーケテ

ィング戦略である製品差別化にも似た産地間競争の有力な武器ともなるものだったのである。

　米穀検査制度があくまで県営検査として実施され，しかも銘柄等級制の確立によって各産地の米の評価が価格差で明瞭に表示されるのであれば，自らの産地の米価を少しでも有利にしようと，社会全体で見れば生産者の負担を必要以上に増大させる検査の厳格化に，各産地を駆り立てるものにもなったのである。

　この章は，昭和戦前期の産米改良競争の展開と，米穀市場統制が強められてゆく過程で登場してきた銘柄整理問題に焦点を当て，それを市場の制度化と市場競争の矛盾ないし接点として考察する。戦前の米穀市場および銘柄競争については，鈴木直二氏や持田恵三氏のすぐれた業績がある[1]。この章は，そうした先行研究を踏まえることによって，問題を米穀検査制度と米穀市場統制政策の2点にしぼって，両者の矛盾と展開過程を考察することにしたい。

注
（1）鈴木直二『米，自由と統制の歴史』日本経済新聞社，1974，持田恵三『米穀市場の展開過程』東京大学出版会，1970等を参照。

2．銘柄等級制の確立と銘柄競争の展開

1）県営検査の普及と銘柄等級制の確立

　わが国の米穀市場の展開において，1920年代前半（大正末）はきわめて重要な時期である。というのも，一つには明治末から鉄道輸送の発達とともに進んできた米穀市場の東京・大阪二大都市を中心とする東西二大ブロック市場化がこの頃完成を見せたからであり，もう一方では米穀取引における銘柄等級制も，やはりこの頃確立を見るからである。このうち，東京市場から九州米が撤退し，東北・北陸米がそれに取って替わったことが前者の中心的内容であり，東京に替わって九州米を吸収していったのは福岡を中心とする北

第3章　銘柄競争の展開と米穀市場統制政策

九州市場であった。つまり，それは第一次大戦中の急激な産業的発展と，それに引き続く大都市人口の全国的増大に対応した，米穀市場・米穀流通の輸送合理的な再編成にほかならなかったのである(1)。

それは他面では，東北・北陸等の軟質米生産地方で乾燥・調製等々の産米改良が進み，それまで歴然としていた硬質米の軟質米に対する商品的優位がかなり解消されたことで可能となったものであった。こうしてここに，西日本：硬質米，東日本：軟質米という体制ができ上がったのであるが，そうした産米改良の槓杆となっていたのは，いうまでもなく明治末から各道府県が開始した県営米穀検査であった。

前章で見たように，県営検査による移出米の生産検査が全国に普及し，各県において米の商品としての標準化，具体的には長距離輸送に耐える乾燥や包装，そして品位自体の向上がなされたことが，米穀流通の近代化を促す一つの物質的条件だった。一方，銘柄等級制の確立は，より直接的に県営検査の普及の結果であった。ただし，こちらは単なる普及にとどまらず，検査の方法や内容の全国的統一が必要であったのである。

その点で重要な意味をもつのが，1918年（大正7）と1922年（大正11）に農商務省が全国の検査所長を招集して開いた第1回，第2回の穀物検査会議である。ここでの議題は専ら「検査方法・等級・俵装・記号及用語其ノ他必要ナル事項ニ付統一ヲ図ル」(2)ことであり，2回の会議を通じて，検査項目や検査方法は言うに及ばず，票箋や証印に至るまで広範な事項についての統一事項が決定されたのであった(3)。このようにして，各産地の米が共通の基準で標準化され，検査を受けて中央都市へ向かって販売されてゆく体制こそ，まさに米穀市場における銘柄等級制の確立した姿であった。

そのことを端的に表現しているのが，1924年（大正13）（朝鮮米については1925年（大正14））全国の米穀取引所で採用された格付表である(4)。なぜなら，それは全国の産米の市場評価を一つの基準銘柄等級に対する銘柄格差，等級格差として，その序列を金銭的に一目瞭然たらしめるものだったからである。これによって取引所では，それまで受渡の都度行われていた検査がク

77

レーム請求以外廃止され，受渡の大幅スピードアップが計られた。

それは，直接的には中央都市取引所での受渡量の増大に対処したものであったが，現実的には正米市場における実際の米穀取引が，県営検査の普及によって産地問屋から消費地問屋への委託販売という旧来の形態ではなく，鉄道の発達に呼応する着駅中心の卸問屋による買付取引，それも未着物の銘柄取引へと支配的形態を変えていたことに対応するものだったのである(5)。

このような意味からも，第1次大戦後のわが国米穀市場における近代化は，産業的発展に伴う国民経済の商品経済的深化という基礎的要件をさておくならば，県営検査の普及が銘柄等級という形態で米の商品としての標準化を全国統一的に押し進めた「公共的」機能の結果ということができるのである。

注
(1) 持田前掲書，第1編第4章を参照。
(2) 児玉完次郎『穀物検査事業の研究』西ヶ原刊行会，1929，附録p.13。
(3) 農林大臣官房総務課『農林行政史』第2巻，1960，pp.1087-91。またこの年，各道府県の専任監督員一名に対し俸給の2分の1を国が補助することとなった。同p.1084。
(4) 沢田徳三『買う米売る米』富民協会，1972，pp.106-8。
(5) 持田前掲書，p.91以下参照。

2）需給構造の基調変化

その一方で，1920年代前半（大正末）の米穀市場は，需給におけるそれまでの不足基調から1930年代の過剰基調への転機でもあった。1918年（大正7）の米騒動を背景に，朝鮮，台湾，北海道における産米増殖計画がいずれもこの時期にスタートすることが，後の過剰問題を深刻化させる源凶であることはいうまでもない。

同時に見逃してならないのは，この頃，県営検査の普及の上に銘柄等級制という形で成立した米穀市場の構造もまた，過剰基調を作り出す一つの要因となっていたことである。なぜなら，1930年代の過剰問題とは当然のごとく

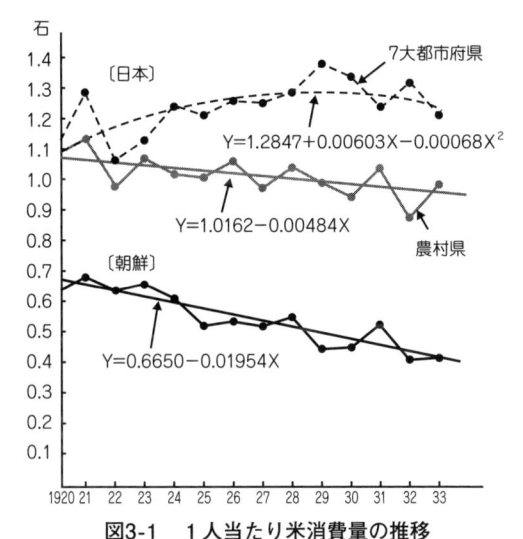

第3章 銘柄競争の展開と米穀市場統制政策

図3-1 1人当たり米消費量の推移

資料：日本学術振興会『米国経済の研究（1）』有斐閣,1939, p.212の第3図に，朝鮮の1人当たり消費量の図を付加。資料は，鮮米協会『鮮米協会十年誌』1935, pp321-2。

商品としての米の過剰，いうならば銘柄等級という標準化を経て商品化される米の過剰にほかならず，それは増産ばかりではなく，農家消費の節約からももたらされるものだったからである。

事実，図3-1に明らかなように，農村県における1人当たり消費量は1920年（大正9）から33年（昭和8）に至る13年間に1斗6合（19kg）も直線的に減少し，ゆるやかな放物線を示す7大都市府県とはきわめて対照的である(1)。これは，県営検査によって生産物に対する商品と非商品の区別が画然となされるようになったことが，農家に商品の自家消費を抑制させ，商品化率を高めさせることになったからである。当時いわれた「屑米の農民消費の問題」(2)も，まさにこの一側面であり，こうして銘柄等級制の確立は農村に対しては，米の消費を「農民的生活水準」(3)の限界まで抑制させ，一俵でも多い商品化を強制するものとなっていたのである。

しかも，元々の「農民的生活水準」の差から，朝鮮においてそれがより顕著に展開されたことは図3-1からも明瞭である。朝鮮の場合，その減少分が

79

第1部　米穀市場の発展と米穀検査制度の史的展開

表 3-1　内地市場米穀供給量の推移

単位：千石，%

	内地管外移出量	朝鮮米移入量	台湾米移入量	植民地米小計	合　　計
1921-24 年平均	12,175 (72.4)	3,511 (20.8)	1,141 (6.8)	4,562 (27.6)	16,827 (100.0)
1925-28 年平均	12,098 (59.9)	5,655 (28.0)	2,445 (12.1)	8,100 (40.1)	20,198 (100.0)
1929-32 年平均	13,634 (60.0)	6,434 (28.3)	2,639 (11.6)	9,073 (40.0)	22,707 (100.0)
1933-36 年平均	13,985 (51.3)	8,603 (31.6)	4,669 (17.1)	13,272 (48.7)	27,257 (100.0)
1933-36／1921-24	1.15	2.45	4.09	2.85	1.62

資料：日本学術振興会『米穀経済の研究（1）』有斐閣，1939，p.442より。

「満洲」からの雑穀に代替されていったこともよく知られている(4)。それはともかく，反収増が停滞的であった内地に対し，急激な反収増に加え，消費節約も顕著であったがゆえに(5)，朝鮮米の移出量は表3-1のように急激に増加し，二期作から内地端境期に独自の需要を形成した台湾米も加えるならば，植民地米の合計は内地の管外移出米の総量に匹敵するところまで，増加してゆくことになったのである。

注
（1）日本学術振興会『米穀経済の研究（1）』有斐閣，1939，p.213。
（2）同上書，p.93。
（3）この概念内容については，栗原百寿「農産物政策価格と生産費」（『農業問題の基礎理論』『栗原百寿著作集Ⅷ』校倉書房，1974所収），及び拙稿「農産物価格論」（西田・森・栗原編『栗原百寿と農業理論』八朔社，1988）を参照。
（4）松本俊郎「植民地」（1920年代史研究会編『1920年代の日本資本主義』東大出版会，1983）p.305。
（5）この時期の日本，朝鮮双方の対照的な反収の推移は，速水佑次郎『農業経済論』岩波書店，1986，p.99の4-8図参照。

3）銘柄競争と県営検査の変質

　他方で，こうした朝鮮米の流入増加は単に量的契機にとどまらず，品位の向上という質的変化も伴うものであった。図3-2の堂島米穀取引所の朝鮮米

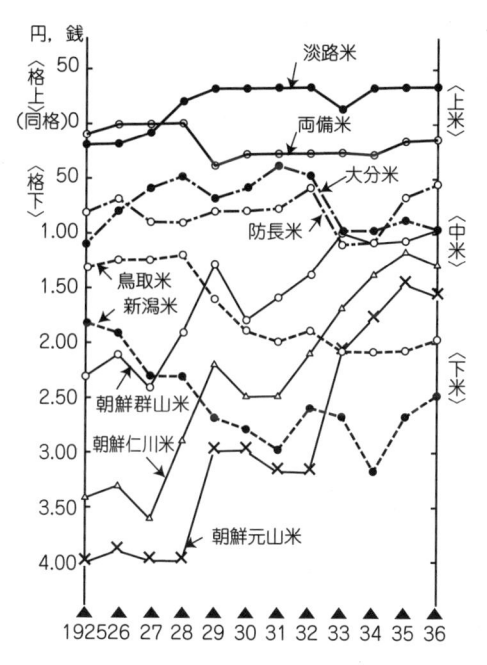

第3章 銘柄競争の展開と米穀市場統制政策

図3-2 堂島米穀取引所格付の推移

資料：1）内地米については沢田徳三『買う米売る米』富民協会，1972，pp.116-7。
　　　2）朝鮮米については，『堂島米穀』1936年6月号より。
注：1）基準は摂津赤三等。
　　2）いずれも三等米の格差。

　格付の推移が端的に物語るように，1920年代中頃には据米たる北陸・山陰米にも遠く及ばなかった朝鮮米は，20年代末には一気にそれを抜き去り，30年代半ばには大阪中米市場を完全に席巻するに至る(1)。すでに見たように，1920年代前半（大正末）に米穀市場は銘柄等級制の確立を見ることによって，銘柄競争のための条件は整っていた。しかし，そこでの銘柄競争をきわめて熾烈なものとしたのは，この朝鮮米の殴り込み的流入とその銘柄米としての競争力の強化に他ならなかったのである。

　この朝鮮米の挑戦に対する内地の生産過程における対応が，いわゆる「品種革命」であった。それは，東海以西は神力にかわって旭又は三井に，北陸

第1部　米穀市場の発展と米穀検査制度の史的展開

は無統一状態から銀坊主に、そして東北では少し遅れるが陸羽132号、農林1号の登場である。こうしてそれまでの産地銘柄に加えて、品種銘柄が確立されてゆくことになる(2)。それは県営検査に品種表示という新たな役割を付与するものであった。

それだけではなく、朝鮮米の品質向上が何よりも強力な検査制度によってもたらされたものであったことからいっても(3)、県営検査は県内に産米改良を推し進め市場評価を高めてゆくための「意識的販売競争の技術的重要手段」(4)となった。それは、1920年代にいったん統一化されて銘柄等級制確立の物質的条件となった県営検査が、再び統一性を失い変質してゆくことを意味していた。

そうした変質の第1は標準品をめぐってである。検査の基準となる標準品については、多くの県が条例や規則で定め、しかもそれは度量衡のごとく一定不変であるとされたし、1922年（大正11）の穀物検査会議でもそれが決議されていた。しかし銘柄競争は、当然のごとく市場の評価が標準品に反映されることを求め、1920年代中頃になると毎年市場関係者等を招いて標準品を適宜変更するようになって行く。このことは必然的に標準品自体の程度を高め、上位等級米比率の低下となっていった。山形県が「標準米査定規則」を定め、それを毎年決めることに変更したのは1926年（昭和元）である(5)。**表3-2**を見ればまさにこの年を境にして、しだいに増加してきていた上位等級米は一転して減少していったことがわかる。このことは競争の結果であって他府県も全く同様であり(6)、まさに県営検査は1920年代中頃より標準化のためのものから、差別化のためのものへと変質したのであった。

第2に、その変質のより明確な例が込米であった。込米はそもそも輸送中の減耗見込に基礎を置くものであったから、検査による乾燥・包装の向上により不必要となり、県営検査の普及とともに容量の4斗への統一と合わせて廃止されていった。しかし、今や販売戦略上のリベートとしてそれが復活してきたのであった。しかもそれを最も積極的かつ大胆に展開したのは朝鮮米であった(7)。

表3-2　山形県移出米検査等級割合の推移

単位：%

	特等	1等	2等	3等	4等	5等	等外	計
1911-14年平均	-	0	10.5	52.8	32	1.5	3.2	100
1915-18年平均	-	0.5	10.8	61.0	27.2	0	0.5	100
1919-22年平均	0	2.5	21.5	63.5	12.5	-	0	100
1923-26年平均	0	2.3	16.5	58.2	23.0	-	0	100
1927-30年平均	-	0.3	16.2	63.0	24.5	0	0	100
1931-34年平均	-	0	1.8	31.0	56.8	10.2	0.2	100
1935-38年平均	-	0	0.5	35.0	63.5	0	1	100

資料：山形県産米改良協会連合会『山形県米穀流通経済史』1958, p.186より。

　更に1925年（大正14）より都市において白米のキロ売りが開始され，小売商の関心が食味ばかりでなく，一俵の「白米キロ上がり」に向くに至って，込米競争も過熱化していった(8)。こうして1920年代前半に穀物検査会議等を通じていったん全国的統一へ向かった県営検査は，市場競争の激化とともに再び統一性を失って，むしろ銘柄競争の武器となっていったのである。

　しかし，このような銘柄競争のための検査の厳格化は，結局その負担を生産者に強いるものであった。殊に標準品の引き上げは納入小作料の品質引き上げを意味し，小作農の反発をまねくとともに，込米は直接的に生産者の負担増加となって，やはり不満を蓄積させていった。しかもこうした過当競争は，どの産地にも多大の負担増を強いる反面，その利益は多く商人に帰し，農村疲弊の一因となっていった。こうして1930年代中頃になると，過剰な銘柄競争への歯止めが国に求められるようになる。しかし，その必要は政府においても，強めつつあった米穀統制上から一層緊急の課題として登場していたのである。

注
（1）沢田徳三『市場人の見たる産米改良』大阪堂米会, 1933, 第2章「朝鮮米」参照。なお，内地へ移出された朝鮮米の6割までが阪神地域に集中していた。前掲『米穀経済の研究』上, p.413。
（2）持田前掲書, p.167以下参照。
（3）鮮米協会『鮮米協会十年誌』1935, 第9章「米穀の検査」を参照。朝鮮の場合，1917年（大正6）より道営検査を開始し，1932年（昭和7）には早々と国営検査を開始する。

第1部　米穀市場の発展と米穀検査制度の史的展開

(4)前掲『米穀経済の研究（1）』，p.93。著者は東畑精一。
(5)山形県産米改良協会連合会『山形県米穀流通経済史』1958，p.181。
(6)持田前掲書，p.243の第3・6表参照。
(7)「之は殆ど最低と云ふと同意義で平均八合である。多いものは冬でも一升五合ある」沢田前掲書，p.48。
(8)込米問題については，渡辺五六「産米の市場声価と込米問題（二）」（『農業』第694号，1938）を参照。

3．米穀統制法と銘柄整理問題

1）米穀統制の進展と米穀統制法

　国家による制度的な米穀市場への介入は，1921年（大正10）の米穀法より開始された。それは第1次大戦直後の米価高騰と米騒動の勃発（1918年［大正7］）を受けて立案されたものだが，立案最中の1920年（大正9）には，米価は一石50円台から一転して30円以下にまで大暴落し，農村では系統農会の指導の下に未曽有の米投売防止運動が展開された(1)。すでに米価は1910年頃より激しく乱高下を繰り返しており，米価調節は都市の消費者対策，農村の生産者対策の両面の意味をもつものとなっていた(2)。こうして，米穀法によってめざされたものも，政府の市場介入による乱高下の防止，価格の平準化にほかならなかったのである。

　それは具体的には，過剰時の米の政府買上げと不足時の売却，および関税操作による外米輸入調節であった。しかし，1925年（大正14）になると，数量のみを基準にしては米価調節は不十分として，より明確に「市価ノ調節」が目的に書き加えられた（米穀法第一次改正）。更に1931年（昭和6）には，調節すべき市価の基準が不明確であるとして，市場介入の基準となる最高，最低の基準米価が設定された（米穀法第二次改正）(3)。

　このようにして米穀法は市場制度として制度化を強めていったが，それは果たして価格の平準化という課題に応えるものだったのであろうか。それについては表3-3に明らかなように，年内の変動幅についても，連年の変動割

第3章　銘柄競争の展開と米穀市場統制政策

表3-3　米穀法の効果

(1) 年内最高最低米価の値幅
　○各年平均米価に対する最高最低値幅の比

施行前	1910-17年（8ヶ年平均）	35.5%
	1913-20年（8ヶ年平均）	41.1%
施行後	1921-28年（8ヶ年平均）	26.3%
	1921-32年（12ヶ年平均）	*27.4%

(2) 連年米価変動割合
　○期間平均米価率に対する各年米価率の変動割合

施行前	1910-17年（8ヶ年平均）	19.6%
	1913-20年（8ヶ年平均）	16.9%
施行後	1921-28年（8ヶ年平均）	9.3%
	1921-32年（12ヶ年平均）	8.7%

資料：新井睦治『米の統制是か非か』農林協会，1955, pp.33-4。
*の数字のみ，荷見安『米穀統制論』日本評論社，1937, p.29。

合についてもかなりの縮小が見られ，すべてを米穀法の効果となし得ないとしても，その有力な要因となっていたことはまちがいないのである[4]。

このように，米穀法はかなりの程度，価格の平準化という課題に応えるものであった。しかるにそれは他面において，制度上の欠陥も多く持っていたがゆえに，当時「無用の長物」といった批判をまぬがれることができなかった。その問題は多く運用面にあった。すなわち，当時米価は先物取引の存在によって，単に数量のみでなく，思惑，投機によって変動していた。したがって政府が市場介入する場合にも同様に，担当者の「相場師的カン」（荷見安[5]）に依存するという危険を伴うものだったのである。かと思えば，1927年（昭和2）や1929年（昭和4）には米の買上げが米価対策よりも選挙対策として行われた[6]。つまり政権党による制度の政略的運用である。

このように，米穀法は制度の必要条件たる運用の基準が不明確で，その「公共性」「中立性」の制度的保障が欠如していた。第一次，第二次の改正もそうした運用上における恣意性を排除し，技術的厳格化をめざすものであったといえる。しかしそれにしても，政府がいわば最大の「米穀商人」として米価を維持しようとすることには無理があった。特別会計限度の増額によって相場への影響力を強めるほど，売却による相場大暴落のおそれとなって売却が制限され，巨額の損失を招くことになっていたからである[7]。しかも当

85

第1部　米穀市場の発展と米穀検査制度の史的展開

時の米穀市場にあっては，市場相場がただちに農村の庭先価格を引き上げるわけでもないため，農村対策としても限界をもっていたのである。

　昭和農業恐慌の元凶ともいえる1930年（昭和5）からの米価惨落は，米価調節の強化を一層緊急の政治的課題とし，ついに1933年（昭和8）米穀法は米穀統制法にとって代わられる。それは一口で言えば，政府による市場管理の強化，市場の制度化の新しい段階を意味するものであった。また他方では，米穀法の持っていた制度上の欠陥を克服するものでなければならなかった。

　実際，公定最高，最低米価による無限売却，無限買入という米穀統制法の方法は，いわば保証価格の設定であって，価格決定という点をさて置くならば，その利用は農家や商人等の当事者にまかされており，政府は受動的，技術的である。しかも当事者が自己の利益に忠実に行動する限り，価格は最高，最低価格帯に収まることになり，またその効果も直接的，かつ中立・公平的ということができた(8)。

　このように見ても，米穀統制法は単なる市場統制の強化ではなく，米穀法の市場制度としての欠陥を克服した上で，なおかつ価格変動を一定の価格帯に限定するものとして登場してきたのであった。その場合の最大の特徴は，最高・最低米価の公定という点にあったが，実はそこにまた米穀統制法の最大の問題も存在していたのである。

注
(1) このあたりの事情については，栗原百寿「帝国農会を中心とした系統農会の農政運動史」（『著作集V』校倉書房，1979）p.201以下，及び拙稿「岡山県における米投売防止運動の展開」（拙著『主産地形成と農業団体―戦間期日本農業と系統農会』農文協，1996，第4章）を参照。
(2) これまでは市場政策を「小農保護政策」とする理解が支配的で，この両面が正しくとらえられていなかった。その点でこの両面の矛盾を分析したものとして，大豆生田稔「農林省の成立と食糧政策」（原朗編『近代日本の経済と政治』山川出版社，1986）がある。なお，本書の補章3も参照。
(3) 米穀法の具体的運用の詳細な分析は，大豆生田稔『近代日本の食糧政策』ミネルヴァ書房，1993を参照。
(4) 同様な分析と結論は，八木芳之助『米価及米価統制問題』有斐閣，1932，

p.523以下。荷見安『米穀政策論』日本評論社, 1937, p.29。新井睦治『米の統制是か非か』農林協会, 1955, p.34を参照。
(5) 荷見安『米と人生』わせだ書房, 1961, p.170。
(6) 沢村康『米価政策論』南効社, 1937, p.85。
(7) 荷見前掲『米と人生』, pp.168-9。
(8) 米穀統制法の要旨については, 沢村前掲書, p.103以下が最も簡結で理解し易い。特に米穀法との比較を行ったp.108を参照。

2) 米穀統制法と銘柄整理問題の登場

　一概に米価といっても, 当時の銘柄等級制の下におけるそれは, 多数の銘柄別・等級別価格の集合にほかならなかった。したがって, 米穀統制法がいかなる米でも公定米価で買上げ, あるいは売渡すというためには, 公定米価もすべての銘柄等級について決定されねばならなかったのである。

　こうして米穀統制法による米価決定は複雑なものにならざるを得なかった。**表3-4**のように, 1934年 (昭和9) の最低米価を例にとれば, まず決定されるのは中米を念頭に置いた標準米価で, 平均生産費と物価参酌値の下値1～2割を勘案して農林大臣により決定される。一方これとは全く別に, 格差委員会において, 東京市場で出回る29銘柄, 大阪市場で出回る45銘柄について, 茨城2等[1]を基準とする銘柄格差, 各銘柄の等級格差が決定された。この両決定を踏まえて, 東京13, 大阪14, 合計27の標準中米指定銘柄の平均が標準米価と一致するように両者が連結され, ようやく基準となる茨城2等米の公定最低米価, ならびにすべての銘柄等級の公定米価が決定された。つまり公定米価は, 東京29銘柄の等級別127個, 同大阪45銘柄209個, 合わせて336について最高と最低, 結局672もの価格が一年を通じて公定されることになったのである[2]。

　しかし, 市場競争の一局面にすぎない銘柄格差までも政府が公定してしまうことは, 明らかに無理があった。すなわち, それはすぐさま評価に対する不満を各地に引き越し, 自県銘柄を有利にするための猛烈な公定格差改訂運動を巻き起こさせることになったからである。

第1部　米穀市場の発展と米穀検査制度の史的展開

表3-4　米穀統制法による最低米価の決定方法（1934年を例に）

(1)　標準最低米価の決定
平均生産費＋運賃諸掛
　27.53＋1.17＝28.70 ──────────────┐
　　　　　　　　　┌ 下値一割　　22.39 ┐　経済事情を参酌して　│ 農林大臣
物価参酌値＊　　{　　　　　　　　　　　　}　農林大臣が決定　　}決定
　　24.88　　　　└ 下値二割　　19.90 ┘　19.90（仮定）　　　　│ 24.30
＊物価参酌値＝1900年米価×米価率趨勢値×11月物価指数
24.88＝11.81×1.1634×181.1／100

(2)　公定格差の決定
1)東京市場29銘柄，大阪市場45銘柄について，茨城二等を規準とする銘柄格差の決定
2)各銘柄毎の等級格差の決定

(3)　標準最低価格と公定格差の連結
標準最低価格＝標準中米の平均
　24.30＝Σ（茨城二等±格差）／27　　　　　→茨城二等＝24.32

　　　　　　＊標準中米指定銘柄
　　　　　　　　東京　茨城二等以下 13　　　　　　　　　　　}
　　　　　　　　大阪　摂津旭二等以下 14　　　　　　　　　　}合計　27

資料：「公定米価の決定に就いて」『米穀界』1935年2月号。

　山形県でも，県産米改良協会，県農会，県等が中心となって，銘柄間格差の改訂，等級間格差の改訂を内容とする陳情を繰り返し(3)，1937年（昭和12）についに銘柄格差の10〜20銭格上，陸羽132号に対する30銭格上げを獲得して，全県的には31万9千円の格差改訂による利益を得ている(4)。このように公定格差は県経済に直結するものとして，その改訂運動は各県の行政的課題としてとり組まれることになった。

　それは，すでに過熱化していた銘柄競争に一層拍車をかけること以外のなにものでもなかった。それというのも，1934年（昭和9）を見ても，標準最低米価24円30銭に対し，大阪市場のトップ銘柄・両備旭1等は26円2銭，最低の島根4等は22円40銭と，3円62銭もの開きがあったからである。つまり，米穀統制法における米価決定は，標準米価こそ生産費主義に立っていたが，公定格差については市場実勢，すなわち市場競争に基づく品質主義をとっていたところに，一種の矛盾を内包していたのである。

第3章　銘柄競争の展開と米穀市場統制政策

　ただし，この問題は政策当局にも当然のように自覚されていた。1933年（昭和8）の穀物検査会議はまさにこの事態を見越してのものであった。すなわち，この会議は農務局の開催であったが，今回は米穀部より特別に「米穀統制法実施に関連し米穀の銘柄等級及其標準等の整理統一に関する件」が諮問され，三日間にわたって協議されている。

　協議に先立つ議題の説明において米穀部は，「我々の理想と致しますれば米穀の銘柄等級の整理統一は宜しく全国に共通する同一の標準に依りて之を行ひ其の銘柄の如きは出来得れば之を全廃し且其の等級は出来得る限り簡単ならしめ而も尚同一等級の米穀は内地何れの地方に於ても大体同様の標準価格に依りて取引せらるる様な状態になることを希望する」(5)（傍点―玉）と述べており，政策当局が銘柄の存在とその競争を政策上いかにやっかいな問題と考えていたかが端的に示されている。その上で米穀部は，大胆に全国を7区と16区に分ける2案を示し，いずれも一地区一銘柄への大幅な銘柄整理案を提案したのである(6)。

　この協議過程は不明だが，それはやはりあまりにも唐突な提案であったと思われる。事実，それに対する決議は，「第一，現在に於ける検査制度の下に於いて，米穀の銘柄等級及其の標準等を整理統一せんとすることは各道府県に於ける検査の沿革及実情等に鑑み，徒に関係方面に紛議を生ぜしむる虞あり，仍て右は米穀統制法の実施に際し，全国的に国営検査を施行するに非ざれば実行困難なりと認む」(7)というものであった。つまり，米穀部の考えるような大胆な銘柄整理は，そもそもの前提として県営検査の枠組みでは不可能ということだったのである。

　このように，米穀統制法は，公定米価の設定という制度上の理由から銘柄整理問題を提起することになった。それは，制度上はもちろん過熱化した銘柄競争を鎮静化させる上でも必要なものであった。しかしそれは何よりもまず県営検査というもう一つの市場制度の枠組みとぶつかったのであって，こうして銘柄整理問題は，米穀検査の国営化問題へ発展することになったのである。

89

第 1 部　米穀市場の発展と米穀検査制度の史的展開

注
（1）この1934年等級が一階級整理されて，前年の茨城4等に対し，茨城2等が基準とされたが，出回り量の関係で翌年からは茨城3等が基準米とされている。
（2）「公定米価の決定に就て」『米穀界』1935年2月号。
（3）「本県産米公定価格引上げ請願」『山形県農会報』1936年11月号。
（4）「本県産米の政府の公定格差に就て」『山形県農会報』1938年1月号。それによれば「此の格差が本年は県改良協会や県農会，県等数年間主張した総てが入れられたのだ」（p.30）とある。
（5）『米穀界』1933年11月号，p.61。
（6）「農産物検査ニ関スル協議会関係書類，昭和八年」（荷見文庫：農林水産省農林水産政策研究所所蔵）。
（7）『米穀界』1933年11月号，p.64。ただし等級については，1〜4等級及び等外とすることが決まり，1934年より全国的に実施される。

3）米穀国営検査の障害

　米穀国営検査の要求は古くからあったが (1)，この1933年（昭和8）の穀物検査会議での決議は，県営検査が銘柄競争の技術的手段となって統一性を失い，自虐的な厳格化を強めていた状況を背景に，改めて国営検査を求める建議や陳情を各地に起こさせた。まず，翌年には北海道，東北，北陸，関東，九州などの穀物検査会議の部会が同様な決議を行い，それに呼応するかのように系統農会，産業組合中央会，全国農業倉庫協議会，大日本米穀会などの米穀関係団体が次々に国営検査を求める決議を行い，1935年（昭和10）にはそれがそれら団体の支部や県議会にまで広がった (2)。
　それらはいずれも，現行の県営検査によっては，「各府県事業ナルガ故ニ統制ヲ欠キ各府県毎ニ販売上ニ於テ我田引水的ニ相軋リ販売統制ヲ妨グル」(3)（富山県会建議，1935年）ことや，他方では公定米価が「過去ニ於ケル市場取引ノ銘柄格差ヲ基準トスルノ止ムヲ得サル結果，品種，栽培法，俵装等ノ著シク進歩変遷セル現状ニ対シテハ著シク妥当ヲ失スル」(4)（長野県農産物検査所長上申，1934年）といった公定格差の問題を国営検査要求の理由に掲げていた。すでに公定格差は，品種や銘柄をめぐって十数項目の変

更を毎年繰り返し，それがまた公定格差改訂運動を一層刺激することになっていたのである(5)。

こうして国営検査を求める機運は，1936年（昭和11）には米穀自治管理法の附帯決議となって衆議院で可決され，政府も翌1937年（昭和12）に向けて農産物検査法案を準備し，その費用540万円も閣議了解されることになったのである(6)。

しかし，銘柄整理問題は検査が国営化すれば解決するような単純なものではなかった。何よりも市場評価の差となっている種差は客観的に存在するのであって，検査方法によるものではなかったからである。つまり銘柄整理のためには，より広範な範囲で生産物の標準化，均一性の確保がなされる必要があったのである。

それゆえ1936年（昭和11）には，国営検査への移行を念頭に「農産物検査標準協定会ニ関スル件」という通牒がなされ(7)，**表3-5**のような類似地区において，標準品の協定が制度化されたのであった。

しかし，国営検査の施行に係わって急速に浮上してきたのは，重量検査の問題であった。つまり，各県の米穀検査は慣習的に容量検査であったが，それは桝という計量器の正確性の問題，ならびに開封を必要とする手間の問題からいってもきわめて不合理であって(8)，重量検査への移行は1910年（明治43）以来宿年の課題であった(9)。しかも，小売段階では1925年（大正14年）より白米のキロ売りが開始されており，このことが容積量の重い銘柄への市場評価を高め，込米競争を刺激するものとなっていた(10)。さらに，容量検査ではその手間の大きさから毎個検査ではなく抽出検査とせざるを得ず，国営検査を権威ある厳格なものとする上でも大きな問題をもつものであった。

このため米穀局は，やはり1936年（昭和11）米穀重量制調査会を設置して重量制実施に向けての検討を開始した(11)。しかしそこで一番問題となったのは，重量検査の地主小作関係への影響であった。というのも，わが国の小作料は伝統的に容量制で納入されており，小作制度の慣習的性格からいっても，それに改変を加えるような制度は，地主小作関係に紛争の種を持ち込む

第1部　米穀市場の発展と米穀検査制度の史的展開

表3-5　検査標準検定区域（1935年）

第1区		青森, 岩手, 宮城, 秋田, 山形, 福島（希望があれば北海道を含める）
第2区		茨城, 栃木, 群馬, 埼玉, 千葉, 東京, 神奈川, 山梨, 長野
第3区		新潟, 富山, 石川, 福井
第4区		岐阜, 静岡, 愛知, 三重
第5区	第1部	滋賀, 京都, 大阪, 奈良, 和歌山
	第2部	鳥取, 島根
	第3部	兵庫, 岡山, 広島, 山口, 徳島, 香川, 愛媛, 高知
第6区		福岡, 佐賀, 長崎, 熊本, 大分, 宮崎, 鹿児島

資料：農林大臣官房総務課『農林行政史』第2巻, 1959, p.1099。

ことになるからである(12)。

　事実，その年に農政課が行った全国の小作官への調査「米穀ノ重量検査ガ小作関係ニ及ボス影響並対策ニ対スル地方小作官ノ意見」によれば，滋賀県や熊本県などの特定の県を除いてほとんどが，「重量制実施ト共ニ小作料額ニ変更ヲキタスベク之ガ当地主小作人間ニ相当紛議ヲ醸スベシ」(13)（岡山県）ことを異口同音に指摘していた。しかもその対策としては，容量，重量の併用，段階的実施，小作料減額，一斉実施など小作官の意見はまちまちであった。

　ともかく，重量制の問題は県営検査の普及の時と同様に，またしても地主小作関係の問題にぶつかることになったのである(14)。しかも，地主小作関係の緊張は鎮静化しつつあったとはいえ，明治末の比ではなかった。このために，1936年（昭和11）に法案化された農産物検査法も，「前二条ノ検査ノ方法其ノ他検査ニ関シ必要ナル事項ハ命令ヲ以テ之ヲ定ム」(15)というように，具体的検査方法はすべて勅令・省令等に委ねられており，単に道府県の検査費用を国庫から負担するという内容にとどまっていたのであった。それも結局，1937年（昭和12）の内閣交代で予算に計上されず，米穀国営検査の実施は形式的にも頓挫してしまったのであった。

　このことは当然，銘柄整理問題にも少なからぬ影響を与えるものだった。ただし，この年の7月には日中戦争が開始され，米をとり巻く情勢もかなり変化をきたし，何よりも需給が均衡化して価格が持ち直すとともに，国営検査を求める世論も一時の熱を失っていったのである。

第3章　銘柄競争の展開と米穀市場統制政策

注
（1）大日本米穀会は1923年（大正12）の大会で移出検査の国営を建議し、以後ほとんど毎年その実現を要望している。『農林法規解説全集』食糧編、大成出版、1969, p.2000。
（2）米穀局「米穀検査国営に関する建議陳情書等の件」（荷見文庫）。
（3）同上書, p.28。
（4）同上書, p.26。ここでは更に国は買上米に対して検査を行い、同一品の検査が二重となることの社会的無駄が指摘されている。
（5）たとえば、1935年（昭和10）産米公定格差で見ると、大阪市場関係だけでいっても、旭、三井、日の出の格上を40銭から50銭へ、といった品種格付の変更が4件、静岡の20銭格上、といった銘柄格差の変更が8件、山口、奥阿武の30銭下を撤廃といった、小銘柄格差の変更が4件といったように、その数はかなりに上った。『米穀時報』1935年12月号, p.9。なお、1933年（昭和8）から1941年（昭和16）までの公定格差の変遷表は、食糧管理局『主要食糧の価格政策史』1948, pp.417-33。またこうした公定格差に対する取引所側からの痛烈な批判として、「公定価格差の批評」『米穀時報』1939年2月号が興味深い。
（6）前掲『農林行政史』p.1105。
（7）同上書, p.1099。
（8）桝は公差が大きく、また扱い方しだいでかなりの差が生じた。
（9）すでに1910年（明治43）の米穀改良に関する協議会において、「米穀重量取引ノ利害及若シ重量取引トセバソノ実施方法」が協議されていた。前掲『農林行政史』p.1081。
（10）とくに昭和期に入って普及しはじめた岩田式ゴムロールモミ摺り機は、従来の土摺りに対して容積重量が重く（スベスベして多くの粒数が量り込まれる）、この結果、ロール銘柄という調製銘柄が生まれるに至った。鈴木前掲書, p.46参照。
（11）『米穀時報』1936年6月号, p.10。
（12）本書第2章5.「米穀検査をめぐる小作争議と小作慣行」を参照。
（13）農林省農政課『米穀ノ重量検査が小作関係ニ及ボス影響並対策に対スル地方小作官ノ意見』1936年9月, p.10。
（14）ただし、重量制採用の困難には技術的な問題もあった。たとえば価格が専ら石当たりでなされており、それは農林省の生産費調査、米穀統制法の公定米価にまで及んでいた。詳しくは、岩本虎信「米穀の重量制採用に関する一考察」『米穀日本』第2巻第7号・8号, 1936年参照。
（15）農務局「農産物検査法案」（昭和12年1月14日）1937, （荷見文庫）。

4．戦時食糧政策と銘柄整理―むすびにかえて―

　米穀法（1921），米穀統制法（1933）を通じて進められてきた国家による市場の制度化は，価格の統制，価格の平準化をめざすものであった。特に米穀統制法は銘柄整理問題を惹起しつつも，確実に米価変動を押え込むことになった。

　しかし，米価変動の政府による管理は，当然，価格変動に依拠していた米穀取引所の衰退をもたらしただけではなく，それが持っているもう一つの機能，すなわち配給調整機能をも衰退させていった。つまり，全国一律の価格設定により，米が動かなくなったのである。こうして価格統制へ足を踏み入れた国は，当然のように配給の統制まで進まざるを得なくなった。

　それが1937年（昭和12）設置の米穀配給新機構調査委員会の答申による1939年（昭和14）の米穀配給統制法の発布である。折しもその年，西日本と朝鮮は大旱害に襲われ生産が落ち込んだのに加え，最高価格（売買制限価格 (1) ）の発表が出回りを抑制して「在ガスレ」状態を作り出し，消費地から生産地へ出荷懇請の配給大混乱を現出した。ここから米穀政策も，それまでの価格統制から配給統制へと，その重点は一大転換を示すのである。

　この過程で，改めて米穀検査の統一と国営化が強く要請され，翌1940年（昭和15）には，ついに農産物検査法が成立することになる (2) 。今や米穀検査は国にとって，産地における生産物の確保，需給調整力強化の梃子と位置づけられようとしていた。

　この結果，銘柄整理問題も，新たな角度から再提出させることになった。すなわち，1941年（昭和16）産米に向けて農林省は，「現行銘柄は中央において認められているものだけでも七十種の多きにのぼり，かつ何れも四階級に分かれているが，これを白米とした場合は全部一等米として一律に取扱われている事情に鑑み，銘柄と等級の整理縮小を計ること。銘柄整理は東北および北海道，関東，北陸，東海，近畿，山陰，山陽および四国，九州の八銘

第3章　銘柄競争の展開と米穀市場統制政策

柄程度とすることを理想とすること」(3)という方針で臨んだ。すでに質より量の確保が重大化した状況にあっては，多数の銘柄格差を公定価格に反映させる意味は確かになくなりつつあった。

しかし実際の1941年（昭和16）米価は，「銘柄ハ原則トシテ一道府県一銘柄トシ従来ノ七十一銘柄ヲ五十四銘柄ニ整理シ産地小銘柄（十七）及品種銘柄（六十九）ハ之ヲ廃止スルコトトシ等級ニ付テハ従来ノ五階級制ヲ一等，二等，三等及等外ノ四階級トスル外重量制検査米ノ格差ヲモ設置スルコトトセリ」(4)という程度にとどまった。つまり，品種銘柄は廃止されたが，産地銘柄はほとんどが残ったのである。

そして1942年（昭和17），いよいよそれまでの価格統制，配給統制は，政府の全面的米穀市場管理である食糧管理法に体系化される。それにともなって，米穀検査も「米麦検査令」「米麦検査施行規則」という食糧管理法の一部分として念願の国営化が達成された(5)。しかし，それはもはや市場取引に対する第三者としての商品検査ではなく，政府自身が買入れる米に対する収買検査，つまり完全に国による米の集荷業務の一部分へと性格を変えたのであった。ここに「市場」は完全に消失したのである。

ところが，銘柄と格差はなくならなかった。確かに「現行ノ格差ハ茨城三等ヲ標準トシテ従前ニ於ケル市場格差ヤ品質ヲ考慮シテ定メラレテ居ルノデアルガ，所謂市場ノ消滅シタ現在ニ於テ政府ガ独占的ニ買上グル場合ノ格差トシテ適当ナリヤ否ヤ」(6)という疑問が事務当局にはあった。

しかし，たとえ戦争という非常時の統制的なものであったとしても，それが一つの市場制度として機能するためには，「公共的」，「中立的」性格を生産者に対しても消費者に対しても示すものでなければならず，それまでの米穀市場に対する社会通念から大きくかけ離れることはできなかったのである。こうして敗戦の1945年（昭和20）までは，買上価格にも売渡価格にも銘柄格差が縮小された形ではあれ残ったのであった(7)。それが完全に消滅するのは，配給米の3割以上にも代用食が占めた敗戦直後の食糧危機の下においてである。

95

第1部　米穀市場の発展と米穀検査制度の史的展開

　さて，以上のように，米穀統制法によって提起された銘柄整理という課題は，間接統制期には達成されず，戦時統制の下でようやく一部が整理されたにとどまった。それは銘柄等級制というものが米穀市場の近代化された姿であり，産米の品質的種差が解消し得ない状況の下では，銘柄が個々の産米の商品形態にほかならないからである。したがって，市場が客観的にも，あるいは通念的にも存在している状況の下では，その整理は容易なことではないのであった。農産物市場制度が戦後の食糧管理制度のように，完全に市場という通念を越えたものとなったとき，はじめて銘柄も消滅した。それが復活するのは，1969年の自主流通米の発足からであった。

注
（1）米穀配給統制法によって米穀統制法の最高価格は売買制限価格へ変わっていた。
（2）これとて全文9条の簡単なもので，重量検査，銘柄整理等の問題はすべて勅令・省令にゆずられていた。しかも，これは成立後に内務省管轄の地方職員を農林省管轄とすることで，農林，内務の紛争を生じて実施を見ることはなく終ってしまう。『農業』1940年11月号，p.54参照。
（3）『農業』1941年8月号，p.74。
（4）前掲『主要食糧の価格政策史』p.431。
（5）その具体的内容については，小山正時「米麦国営検査の大要」『食糧経済』第9巻第2号，1943を参照。なお，容量か重量かの問題は，重量検査に一本化される。
（6）前掲『主要食糧の価格政策史』p.307。
（7）同上書，p.341以下。

補章1
書評：宮本又郎著『近世日本の市場経済』

1　戦前の日本資本主義論争以来，日本経済史は一時マルクス経済学的史観の独壇場のようにも見えた。しかし，それが過去のシェーマにこだわりつづけている間に，近代経済学の手法を生かした自由な視点からの研究が次々と現れ，それまでの近代日本のイメージを大きくぬりかえつつあるだけでなく，それらを総合して新たな日本経済史像を構築するところにまでやってきた。岩波書店の『日本経済史』(1988-9) 全8巻は，そうしたエポックメーキングな企画と言えるであろう。

そして，そうした流れをリードし，とりわけ数量経済史の手法から「江戸時代の経済発展」の研究に貢献してこられたのが本書の著者，宮本又郎氏である。その宮本氏が18年間の研究成果をもとに，改めて「江戸時代において最も重要な財貨であった米を対象に，また江戸時代の経済の循環構造において最も枢要な地位を占めた大阪にフィールドを設定して」，幕藩体制社会における「米をめぐる市場経済のワーキング」を解明されようとしたのが本書である。

その意味から本書では，従来の「封建制から資本主義へ」という枠組みの下，「領主的商品流通」と「農民的商品流通」とを対立させるという経済史にきわめて強い影響力を持った図式はとられない。むしろ，それに代わって近代以降の経済発展の前提条件となる市場経済諸制度が近世の社会の中にどのように組み込まれ，機能していたのかを具体的に解明することに最大の課題が置かれている。

実際，こうした観点は，近年の商品流通史や物価史の発展に伴ってつとに論じられてきている点であって，著者はそうした研究史の総括的意味も込め

第1部　米穀市場の発展と米穀検査制度の史的展開

て「近世商品流通史・商業史・物価史を融合した複眼的視座から，近世大阪米市場の構造と機能を」「予断をもたずに」分析しようとするのである。

2　序章で以上のように示された課題に対して，本書は第1部「制度史的分析」と第2部「物価史的分析」の2部で構成され，前者では大阪米市場の成立と構造が，後者ではその経済的機能が分析される。「あとがき」によれば，これは当初の制度的・伝統的経済史から近年の数量経済史の領域への関心の移行という氏自身の研究史の発展に対応している。しかし，氏の立場は両者を排他的なものとしてではなく，相互に補完し合うものとして「両者の融合・総合」を目指し，全体としてバランスのとれた大阪米市場分析が意図されているのである。

第1部は，大阪米市場の制度史的考察である。まず「幕藩制的全国市場としての大阪米市場がいつ，どのようにして，成立したか」を課題に，「領主米の流通状況，その担い手，蔵屋敷の整備状況，大阪市場の構造などから」，寛文〜元禄期にその成立を求めた第1章「大阪米市場の成立」。

「元禄期から文政期にかけての……領主米流通によって結ばれる大阪市場と各藩経済との関係を」課題として，九州・中国地方の領国タイプの諸藩と近畿地方の非領国タイプの類型化を行った第2章「近世中後期大阪における領主米流通」。

「諸藩大阪蔵屋敷の商業機能，とくにそのもっとも重要な機能である払米の仕法と，堂島米会所の組織と取引仕法について」考察し，とりわけ帳合米取引のヘッジ取引としての役割（価格保険機能）の意義を確認した第3章「近世大阪における米取引・流通機構」。

そして播磨国の加古川流域を事例に「諸村から大阪への運輸上の中継地である高砂への年貢米の流通事情を明らかに」した第4章「地方における年貢米の集荷機構」。

以上，4つの章から構成されている。

次に，第2部は大阪米市場の経済的機能を物価史的手法で検討する。「近

補章1　書評：宮本又郎著『近世日本の市場経済』

世後期における大阪米価の短期変動を分析」し，大正・昭和期との比較においてその良好な機能を確認した第5章「大阪米価の短期変動と米市場の機能」。

「諸藩の大阪への廻米や大阪での米需給がどの程度市場経済法則で説明されうるか，されえないとすればなぜかを，米価と米需給指標との関係を分析して検討」し，「年貢米流通にも市場経済法則が厳然と働いていたことを」示した第6章「米価変動と米穀需給構造」。

帳合米商人の公認によって「堂島米会所の価格平準化機能と価格保険機能が現実にどのように発揮されたか」の視点から，この両機能こそが大阪米市場を全国市場として成り立たせる装置であったことを指摘し，したがってまた天保期以降の両機能の衰退を大阪市場の後退と主張する第7章「堂島米会所における帳合米取引の機能」。

そして，「各地米価変動の関連性を検討することを通じて，江戸時代における米市場の全国的ネットワークのあり方を」探り，18世紀ごろから19世紀初期における全国的米市場のネットワークの緊密性を確認した第8章「地方米市場間の連関性と市場形成」。

以上で4つの章構成され，最後に「結語」として，それまでの各章の要旨と総括がなされている。

3　さて，以上のように方法的にも多彩で内容豊富な宮本氏の著書に対して，近世期の経済史に全く門外漢の評者がコメントのしようもないが，大正・昭和期の米価変動と市場政策に多少の関心を持つ者として，とりわけ氏が第2部において議論された江戸時代における大阪米市場のワーキングに関して一，二私見を述べてみよう。

氏は，すでに紹介してきたように年貢米等「領主的商品流通」をもっぱら前近代的なものとして「農民的商品流通」と対立させる大塚史学によって流布された図式をとらず，「領主的商品流通」の中に近代以降の経済発展の前提条件となる市場経済法則のワーキングを確認されようとする。それがまさに堂島米会所の正米取引と帳合米取引との組み合せによる価格平準化と価格

保険の両機能の検出であり，その良好な作用の検証の意味を持つものが第5章で試みられた大正・昭和期の米価変動との比較であった。すなわち，「宝暦～明和・安永期の米価の年変動係数は，こうした政府の恒久的な米価政策が開始された大正末～昭和初期の米価の変動係数をさらに下回っていたのである。江戸時代の米市場のパフォーマンスを考える上で注目すべきであろう」(p.281)と。

確かに，理念的な近代化の道筋を「領主的商品流通」に対する「農民的商品流通」の対抗・陵駕と設定し，それを基準に近代化の程度を計る大塚史学の史観が，世界史の中での日本の経済発展の特殊性を理解する上で今日もはや有効性を持ち得ないことは否定しようもなく，評者も宮本氏のような問題意識や視角に多くの共感を覚える。ただしかし，江戸時代の大阪米市場の米価変動が大正・昭和期をも下回るものであったことの意義と評価に関しては，評者は別の意味で「領主的商品流通」としての江戸時代の米市場の構造的特質を強く意識させられるのである。

というのも，評者は米穀市場が近代的な意味で全国統一市場を形成したのは第一次大戦後であると考えている。それは米穀市場の近代的取引にとって不可欠の銘柄等級制が明治末以降の県営検査の全国的普及によって，ようやくこのころ全国統一的なものとして確立したからである。つまり，米が近代的商品として取引きされるためには，それがもっている地域的・品種的種差が銘柄として，品質的種差が等級として，いわゆる取引所の「格付表」のように比較可能なものに標準化されることが必要である。しかし，わが国の小農民の場合，結局それは自治的なものとしてではなく，強制的な県営検査を待たねばならなかった。

このことを江戸時代についてみれば，各藩が領民に課していた厳格な年貢米の品質強制とその結果としての藩ごとの国銘柄の意味を大阪市場の全国市場としての機能の前提として浮き上がらせることになる。この年貢米における検査の厳格性は直ちに宮本氏の主張と抵触するものではなく，むしろ各藩経済が銘柄競争という市場経済の論理に取り込まれていたことを示すことで

補章1　書評：宮本又郎著『近世日本の市場経済』

ある。

　とはいえ，それがやはり身分制社会における経済外的強制によっていたことの意義を消しさるものではない。けだし，その点を見逃しては，地租改正を契機とする粗悪米の全国的氾濫の意義が見失われることにもなるからである。また，大正・昭和期の米価変動の激しさは一つには独占資本主義的経済構造と景気変動にあるが，他方では価格下落による収入減を販売量の増加で補うような未組織な小農民の非合理的な市場対応によるところも大きかった。

　この産業組織論的な市場構造の比較に立つと，大正・昭和期より江戸時代の米価変動が小さかったのはある意味で当然のようにも感じられる。非弾力的とはいえ，大阪市場への販売主体としての藩の数は大正・昭和期の小農民の数と比べれば限られていたし，販売主体としての市場行動も小農民よりは合理的であり得たのではないか。

　以上のような意味で，大阪市場の全国市場としての価格平準化・価格保険両機能の良好な作用において示された市場経済法則も，それ自体「領主的商品流通」という枠組みに規定されていたとも言えるように思われるのである。つまり，それは「領主的商品流通」「農民的商品流通」という区別が，大塚史学の枠組みを離れたところで依然として意味を持ち得るということかもしれない。

　ともかく，宮本氏によって江戸時代の市場流通が大正・昭和期とも横断的に比較し得るものとして提示されたことは，日本経済史にとって計り知れない意義を持つと思われる。農産物市場の研究は，あらゆる視点からの具体的研究が積み重ねられる必要がある。マルクス経済学的史観の末席に位置する者ではあるが，こうした氏のパースペクティブな研究に敬意を表すると共に，後進として学んで行きたいと思う。なお，本書は1988年毎日経済図書文化賞を受賞していることも付記する。

(有斐閣，1988年刊，446頁)。

[『農産物市場研究』第29号，1989年10月刊に掲載]

第1部　米穀市場の発展と米穀検査制度の史的展開

補章2
書評：川東竫弘著『戦前日本の米価政策史研究』

1　戦前期の日本農業，農業政策にとって，地主小作関係とともに米価問題が最重要課題であったことは，誰もが認めるところであろう。にもかかわらず，戦後の日本農業史研究において，米価政策ないし米穀市場研究は，研究者の数，研究論文の数いずれをとってもその重要性に見合った量のものであったとは決して言えない。これはいったいなぜなのだろうか。

　ともかく，そのこと1つをとってみても，川東氏のこの著書は研究史において貴重である。しかし，この著書の意義は，更に次の2点にあるだろう。

　第1に，本書は対象を米価問題が社会問題化するたびに組織された各種調査会における審議過程に定め，明治末から太平洋戦争までの米に関するすべての調査会を検討されていることである。その中には，これまでの議事録が見つかっておらず，検討もされていなかった臨時財政経済調査会も含まれている。

　第2に，それらの検討にあたって，地主，ブルジョアジー（財閥系大資本と中小資本），植民地勢力，天皇制官僚の階級利害が審議にどのように現れているか，という点に視座を固定して，分析を一貫させておられることである。

　確かに，本書の分析が米価政策の形成史に片寄りすぎて，実際の米穀市場の分析が十分でないと言うことはたやすいが，一連の各種審議会，調査会の審議を検討してみることは，研究史的にみて避けてとおれない課題であり，かつ相当のエネルギーを要するものである。その意味からも，17年の歳月を掛けて，この課題に一貫して取り組まれた川東氏に敬意を表したい。

　そこでまず，本書の構成とそこで検討される調査会を一覧表として掲げて

補章2　書評：川東靖弘著『戦前日本の米価政策史研究』

おくことが，内容の理解に便宜であろう。

序　論

第1章　日露戦後の米価政策

　第22（1905年）－31（1914年）帝国議会

　米価調節調査会（1915年10月設置）

第2章　第1次大戦後の米価政策

　臨時国民経済調査会（1918年9月設置）

　臨時財政経済調査会（1919年7月設置）

第3章　昭和農業恐慌下の米価政策

　米穀調査会（1929年5月設置）

　米穀統制調査会（1932年11月設置）

　米穀対策調査会（1934年9月設置）

第4章　戦時体制下の米価政策

　米穀配給調整協議会（1935年12月設立）

　米穀配給新機構調査会（1937年7月設立）

2　ここではまず，各章ごとの内容を簡潔に紹介しよう。

　序章はきわめて簡潔である。米価政策にとっての各種審議会の重要性，地主とブルジョアジーという対立の構図,両者の間での天皇制官僚の「調整的」「二正面的性格」（p.5），結果としての米価維持の「微温的」性格などが，見通しとして述べられる。

　第1章は第1節で，「米価をめぐる諸階級の論争のはじまり」（p.8）という位置づけの下に，帝国議会における米穀関税論争が取り上げられる。そこで氏は，政友会の力を背景とした関税引き上げを「『地主保護関税』への本格的進出」（p.16）とした上で，しかもそれは商工派ブルジョアジーとは相入れなかったものの，保護貿易主義的な「財界主流の考えに反するものではなかった」（p.32）と分析する。

　また米価調節調査会を分析した第2節では，「地主的利害とブルジョア的

利害との不一致を調節」(p.48) することにこの調査会の目的を捉え，朝鮮農業開発から生ずる国内矛盾を「地主利害をも考慮した調整的な米価政策」(p.63) で切り抜けようとする天皇制官僚の意図がどの様に貫かれるかが示される。

第1次大戦後を対象とする第2章では，米騒動という未曽有の事態に対してとられた寺内内閣の米価政策が，騰貴対策が主ではあるが，「同時に地主の利害をも考慮した調整的」(p.76) なものとされる。続いて，「原内閣の応急的米価政策は自由放任，無策で」(p.82) あったこと，恒久的政策は，「外米を排除し，内地米と植民地米とで自給する方針が明確になったこと」(p.210)，常平倉案をめぐる激しい論争により，当初の案は後退し，米穀法は数量調整のみの「微温的」なものとなったこと，同時にそこで米穀法成立に多大の力を発揮したのは矢作栄蔵（東京帝国大学教授・帝国農会副会長）であったこと，などを明らかにする。

昭和恐慌期を対象とした第3章では，米価維持の要求にかかわって，植民地米問題と米穀法の運用基準問題のいずれにおいても，「植民地勢力や財閥資本側の利害が優先し，地主階級の利害が大幅に後退せしめられたこと」(p.176)。米穀統制調査会においても，「植民地米移入制限を避け，あくまで帝国主義的国策を貫徹しつつ」，「他方，内地米問題に関しては米穀商人の利害を大幅に制限し，またブルジョアジーに対しても一定の負担を課し，地主階級の利害を不十分であるが実現するという調整的性格であった」(p.208) とされた。

更に，第3節では，米穀自治管理法の制定の持つ意味を，財政負担軽減のために過剰米穀を国家が生産者や商人に強制的に割り当てるものであるために，いずれの階級にも不満が残るものであったという意味で「従来の調整的米価政策の転換」(p.239) と位置づけている。ただし，実際は過剰から不足への基調変化によって，それは発動されなかった。

第4章は戦時体制下の米価政策として，まず米穀配給統制法をめぐる論争が政府・官僚主導の下に米穀統制を一気に拡大し，「米穀市場をなおも残存

させたうえでの戦時的再編成であった」(p.278) ことを論じる。そして，最後に食糧管理法の制定が,「1940年以降の米穀の国家管理体制の断行によって，地主的利害は大幅に抑制され，米穀の流通，価格面からみるかぎり，地主的利害は無視され，もっぱら国家的利害とブルジョア的利害のみが優先される米価政策に転じた」(p.317) と結論される。

3 以上のように，川東氏にほぼ一貫しているのは，戦前の米価政策における地主利害とブルジョアジー利害の「調整的性格」，その結果としての米穀市場制度の「微温的」性格の検出にある。そしてこれは，暉峻衆三氏の『日本農業問題の展開』における分析や，大石嘉一郎氏の『日本帝国主義史I』における総括などの通説的立場の議論とほぼ同一である。というより，実証的にこの点を論じているのは，ほぼ川東氏一人であるから，川東氏がこうした通説的理解を基礎づけているといった方が正しいかもしれない。

しかしこうした通説的議論の枠組み，すなわち「国家の階級的性格がブルジョア・地主的である」(1) とする議論は，すでに戦前の日本資本主義の議論としては終わっている，というのが評者の立場である。「調整的」や「微温的」という評価は，まさに「ブルジョア・地主的」という枠組みから導かれる必然的結論である。すなわち，米穀法と米穀統制法では市場介入のレベルがまるで違うにもかかわらず，結論はいつも「調整的性格」でしかない。つまり，この枠組みからは，第1次大戦以降，なぜ米穀市場の制度化と組織化が進行していったのか，そしてまた，なぜそれが戦後へ持ち越されたか，という肝心の問題はなに1つ解きあかせないのである。

以下，もう少し具体的に問題を指摘して行こう。第1に，この枠組みでは，議員や委員をストレートに階級利害の代弁者，しかもブルジョア，地主，官僚といった類型化された階級の代弁者とすることによる実態とのズレがはなはだしい。「商工派ブルジョアジーを自認している」人間であっても農業保護を論じており，「地主の利害を重んずる政友会」の議員からも関税撤廃提案がなされている。それぞれの議員の出自だけで役回りが決まると見るのは，

あまりに経済決定論である。

　この意味から，本書で致命的なのは，米穀市場の制度化に決定的役割を果たした矢作栄蔵を帝国農会の副会長・会長・名誉会長であるという点のみから地主的利害の代弁者としてしまっていることである。矢作が，新渡戸稲造との親交も深く，リベラルで知られる東京帝国大学経済学部教授であることを考えれば，こうしたレッテルが極めて不適当であることは明らかである。また，帝国農会＝地主団体というのも，きわめて古くさい理解である。

　第2に，この枠組みでは，ブルジョア的利害は低米価と植民地開発，地主的利害は高米価と理解され，さらに官僚はもっぱら両者の調整役と位置づけられているために，例えば，外貨節約，食糧アウタルキー化，財政負担軽減などのいわば国家的利害は，正面に座ることがない。つまり，扱われたとしても，そうした階級的利害を導くレトリックとしてだけである。

　しかし，日露戦後の米穀関税に関して言えば，大豆生田稔氏が「食糧政策の形成と植民地米」（高村直助編『日露戦後の日本経済』塙書房，1988）で論じているように，外貨節約という国家至上命令を無視しては論じられず，とても「『地主保護関税』へと本格的に進展した」（p.16）とは言えないだろう。また，国家的利害が全面にでてくる戦時期になると，氏の分析がほとんど経過を追うだけとなるのも，こうした問題の現れであろう。

　第3に，この枠組みから氏は，高米価か，低米価かが戦前の一貫した争点であったかのように論じられている。しかし，関税論争はさておくとしても，大正以降の米価調節調査会からの主な論点は，消費者，生産者双方の生活を脅かす米価の変動なのであって，それを市場メカニズムとして容認するのか，国家が市場へ介入して変動を抑制するのか，という資本主義における経済政策の根本にかかわる問題で争われているのである。また，その効果と財政負担のトレードオフをめぐって争われているのである。

　氏は，原内閣の対策を「自由放任，実は無策であり，寺内内閣時代より後退している」（p.81）と評価するが，これは寺内内閣の強権的干渉政策が米穀市場に一層の混乱をもたらしたことに対する，経済的自由主義からの「政

補章2　書評：川東靖弘著『戦前日本の米価政策史研究』

策」であって，決して「無策」ではない。氏には，「微温的」という評価にもあるように，市場を社会主義のごとく，政府が管理してしまう方がより正しい，といった価値判断が前提としてあるように思われてならない。

　第4に，先に述べたように，本書では常に「調整的性格」が検出されるのみで，米穀市場の国による統制が強化され，制度化されて行くダイナミズムが示されない。氏は，地主の要求がいつも満額は認められていないから「調整的」と結論するが，大正期に比べれば昭和期は統制が格段に強まっている。それは何故なのか。地主の力なのか，ブルジョアの力の後退なのか，説明されていない。

　これはやはり，国家の性格を「ブルジョア・地主的」とし，米価問題をこの支配階級間の利害問題とする枠組みの結果といえる。国家をそうした階級の道具としてではなく，階級から「相対的自立性」を持った「危機管理」機構として見るとき，米騒動という体制危機，昭和恐慌という体制危機，日中戦争・太平洋戦争という体制危機が，米穀市場の制度化をドラスチックに進める推進力であったことが，はじめて明らかになってくるであろう。また，米穀商人や地主などが整理されて行く過程には，国家的にみた合理化の論理も見て取ることが必要であろう。

　そして，この観点に立つことで，なぜ食糧管理制度が戦後も生き続けて行くかという問題も戦前からの連続として論じることが可能になるのである(2)。

4　さて，以上見てきた考察の枠組みの問題が，冒頭で述べたなぜ戦後の日本農業史研究において米穀市場問題があまり重視されなかったかの解答でもある。川東氏自身，それを以下のように論じていた。「概して，米価問題・米穀政策分野に関し，いわゆる『講座派』に属する研究者はあまり重視せず，もっぱら非『講座派』の研究者たちによってなされた感がある。その理由は定かではないが，『講座派』の研究者たちは，農民解放にとって米価問題より土地問題の解決こそ最も本質的課題であると考えたためではないかと思わ

107

れる」(p.2)。

　まさに，こうした「ブルジョア・地主ブロック」論と一体の，土地問題で農業問題を捉える考え方の枠組みが根本的に問われており，川東氏の著書がそのことを改めて明確にしているというのが評者の結論である。おそらくロシア革命の評価，レーニンの農業理論の評価，3・2テーゼの評価，科学における権威主義の問題等々と，それは深く関わっている。

　とはいえ，このことで川東氏の著書の意義が失われるというのでは決してない。とりわけ，米穀市場の制度化過程における矢作栄蔵の果たした役割の検出や植民地米の移入制限をめぐる激しい論争過程の一貫した究明など，川東氏によってはじめて明らかにされたのである。こうした，研究蓄積を新しい視角からいかに継承し，発展させて行くかが，今後の課題であるだろう。

　先達にたいする書評としては，きわめて不遜なものとなったこと，著者の寛恕を乞いたい。

注
（1）大石嘉一郎「国家と諸階級」同編『日本帝国主義史Ⅰ』東大出版会，1985，p.436。
（2）本書第4章を参照。

（ミネルヴァ書房，1990年刊，318頁）。

［『日本史研究』第356号，1992年4月刊に掲載］

補章3
書評：大豆生田稔著『近代日本の食糧政策』

1 本書が「平成のコメ騒動」の最中に出版されたのも，何かの因縁だろう。「外米の売行悪しこと驚くばかり」(p.205) というのは，本書の中にある『神戸又新日報』1924年8月9日の記事であり，合わせて政府の外米売却方法を批判する『大阪毎夕新聞』の記事が紹介されている。まるで今日の状況と変わるところがない。

というのも，コメは日本人にとって代替性の乏しい必需品だからである。言い換えれば，需要の価格弾力性がきわめて小さく，加えて供給は年々の作況に規定されるからいわゆる市場原理が最も働きにくい財と言える。供給不足時には，各世帯の小量の買貯めでも，容易にパニックが発生する。そして，そうしたパニックや「危機」を繰り返す中で食糧政策は形成され，今日に至っているといっていい。「一切の統制をなくせば問題は解決する」といった経済評論家の論評は，ある意味で米穀市場と食糧政策の歴史に関する無知の表明のように評者には思える。

その意味からも，本書が詳細に描き出した食糧政策の試行錯誤の歴史は，現在のコメ問題を考える上でも有意義なものと言えよう。

2 しかし，一概に「食糧政策」といっても，その意味するところは単純ではない。需給関係への対応だけをとっても，ある時は不足し，ある時は過剰となり，それへの利害関係までも含めれば，その全体像は大豆生田氏が強調しているように「きわめて複雑であった」(p.4)。

氏は，この複雑な食糧政策を長期にわたる丹念な一次資料の渉猟と発掘，その綿密な分析と検討から，もっぱら階級利害から性格を分析するという従

来の方法とは明確に一線を画して，食糧問題の性格にポイントを置いて諸利害が「一定程度調整され総括された『一国レベル』の」(p.4) 政策像として，それを描き出して見せた。

こうして描き出された戦前日本の食糧政策の歴史像は，本書の副題である「対外依存米穀供給構造の変容」という言葉にある意味で集約されていると言っていい。そして，そこに至る過程における氏の一次資料への飽くなき追求の姿勢は，歴史研究者として本当に頭の下がるものであり，その政策の全体像もまた，既存の研究への追従でなく，全く新たに氏自身によって論理構築されたものである。

食糧政策史という研究分野は，戦後，鈴木直二氏や持田恵三氏のすぐれた研究，最近では川東靖弘氏の包括的な研究があるとはいえ，「地主制」研究などと比べれば明らかに等閑に付されてきた分野である。そのことを考えれば，実証水準と論理構成のいずれをとっても，本書が研究史上で持つ意義はきわめて大きく，おそらく今後の研究において必ず参照される基本文献となることは間違いないであろう。

本稿は，こうした基本的評価に立って，本書の新たな事実発見と論理構成を紹介するとともに，氏とはかなり異なった歴史像を対置してみたいと思う。それは評者が食糧政策史の一つの課題として，戦時中に出来た食糧管理制度がなぜ戦後においても存続しているのか，という問題の解明を強く意識するからにほかならない。

3　本書は，全体として1880年代から1930年代までの食糧にかかわる政策の展開をカバーするが，本書が厳密な意味で食糧政策の展開として分析の対象とするのは「『食糧問題』がその姿を明確に現わす1900年前後から，一応の解決をみる20年代末に至る時期」(p.2) である。序章の「課題と方法」では，この対象時期の限定にかかわって，氏の「食糧問題」の理解と食糧政策の分析視角が示される。

すなわち，氏は「食糧問題」を単に1900年前後からの国内米穀供給の不足

という現象自体でなく，それに起因する，①国際収支の圧迫，②供給の「確実性」の動揺，そして，③移輸入米による国内農業の圧迫，という三つの局面の複合，そしてそれらのウエイトの変化として把握する。この「食糧問題の性格とその変化の解明」(p.7)によってはじめて，時々の食糧政策も「政策体系の『総体』」(p.5)として全体像の把握が可能となり，米価政策の食糧政策の中での機能，増産政策との有機的関連も解明されるというのが，氏が新たに打ち出した分析視角である。

　この「食糧問題の展開に応じた食糧政策」(p.8)という視角から，氏は従来の「資本」「地主」の利害という視点に換って，「政策の構想・立案・実施」の諸過程を分析し，「米穀の生産・流通両過程にわたる諸施策の総体」(p.8)として食糧政策を「その形成・展開・解消の過程」(同)として描き出すのである。

4　第1章の「食糧問題の発生」では，まず1880年代の米穀輸出の展開が分析される。そこでは正貨獲得を目指す政府輸出の展開やこの時期の銀貨下落，企業勃興などの点が，神戸在住の「英国領事報告」や海外の領事報告などの様々な資料から分析されて，実に興味深い。

　しかし，国民の食生活の改善と米消費拡大に伴って米穀の国内需給は1890年代に転換して，いよいよ米穀輸入が拡大してゆく。これに伴い日本の外米輸入も増加してゆくが，氏はここで台湾総督府による米作奨励政策を分析して，それが未だ肝心の水利事業への財政補助もなく，「必ずしも対日移出の増大のみを目的として」(p.55)いなかった点を確認している。

　それは，外米輸入，朝鮮米輸入が順調に拡大していた結果だが，その指摘がこの段階では「食糧問題は具体的な形では未だ顕在化しなかった」(p.77)という，この章の結論をきわめて説得的なものにしている。朝鮮については少なからず産米増殖政策の研究がされてきているが，台湾についての研究は空白であったという意味で，本書が各章で行う台湾の分析はきわめて貴重な研究史への貢献である。

5 第2章「食糧政策の形成と植民地米―日露戦後期」では，この時期の食糧問題がまず「正貨の流出」問題として顕在化したことが確認される。しかし，それに対する食糧政策は外米輸入一般を否定するものではなく，国内の米価騰貴抑制のために安価な外米輸入も一つの方策として明確に組み込まれていたというのが，氏による独自の主張点である。

というのも，この段階では台湾，朝鮮などの植民地米の対日移出には依然として限界があり，その促進のためには移入税を撤廃する必要があった。氏は，大蔵省，農商務省農務局，商務局等の政策構想の分析を通じて，1922年の移入税撤廃，輸入税存続へ収斂してゆく関税政策の枠組みを，従来の持田恵三氏が定式化した「植民地を含めての『食糧の独立』＝自給政策」の成立としてではなく，未だ「外米への依存を前提とし」(p.136) た枠組みのものであったとの評価を下す。

ここでも台湾における品種改良の限界と対日移出量の頭打ちという事実の明確化がポイントをなしている。つまり，国際収支の改善のために，内地米と代替性を有する朝鮮米，外米と代替し得る台湾米の移入の促進が目指されたが，未だそれに限界がある以上，米価の騰貴に対処する上では，「国際収支をある程度犠牲にしながら外米輸入に最終的に依存する」(p.23) 必要があった。

この機能を果たしたのが，輸入税を1円から40銭まで引下げることを可能とした税率変更規定であった，というのが氏の提示した論理である。

氏はまた，「農業保護」機能の中心となるべき「国内米作と植民地米作との間の『調整策』」(p.227) が未だ政府の認識に明確にはなかったとの事実の下に，この時期の関税政策を「農業保護関税」とする従来の議論にも疑問を表明している。

6 第3章「食糧問題の変貌と外米依存政策の破綻―第一次大戦期」は，この「日露戦後に形成された外米依存政策が破綻する過程，および1920年代はじめに食糧自給政策が登場する条件」(p.140) の解明にあてられている。

補章 3　書評：大豆生田稔著『近代日本の食糧政策』

　食糧自給政策は，大戦勃発後のヨーロッパ諸列強における食糧問題の深刻化，特に食糧輸入国ドイツの食糧危機の観察から間接的に認識され始めた。さらに第一次大戦末期になると，主要な外米供給地であった英領ビルマ・仏印・タイが米穀輸出の制限・禁止措置を開始したことで，外米輸入はにわかに不安定となり，この外米輸入の困難が「日本の食糧問題の性格を構造的に変貌」(p.158) させた。

　一方，米消費の方は拡大を続けており，寺内内閣は「外米管理」によって米価騰貴の抑制を図るが，外米輸入条件の悪化の下で1918年8月には米騒動が勃発する。原内閣は，これに対し輸入税を無税にし，「外米管理」も廃止して，「不干渉主義」の下に民間輸入の拡大に期待したが，「自由放任主義の下に於ては将来の輸入は最早絶望」(p.175) との状況の下，結局は政府自らによる外米買付けにより政府の「損失」は「三千万円」にもおよぶ事態となる。

　ここに「外米依存政策の破綻」は決定的となり，第4章の「食糧『自給』政策の展開―1920年代」へとつながる。この章の「外米輸入条件の動揺」の分析は，氏が述べているように「米騒動がいわば所与の前提」(p.229) となっていた食糧政策史において，「食糧問題が如何なる意味で深刻化し，その対応策として何故食糧自給の課題が出現したのか」（同）を解明したものとして，きわめて貴重な研究史への貢献と言えよう。

7　第4章は，1920年代前後から具体化されてゆく「食糧『自給』政策」が「増産政策と米価政策の総体」(p.183)，すなわち，国内・植民地における米穀増産と米穀法の双方を機軸とする政策体系であったとして，両者の有機的関連が解明されてゆく。

　まず，原内閣の下で1919年以降開始される国内，朝鮮，台湾での米穀増産政策がその予算規模からいっても画期的な食糧「自給」を目指したものであった点が強調される。しかし，当然その効果はすぐには期待できないものであったから，当分の間，不足時の米価抑制のための外米輸入が必要であった。

第1部　米穀市場の発展と米穀検査制度の史的展開

その機能を果たしたのが,「政府の裁量による一時的な輸入税免除を制度化した」(p.187) 米穀法第2条である。

実際, 1920年代前半までは米騒動の記憶も新しく, 米穀法は第2条の運用による外米輸入の円滑化, すなわち「米価騰貴抑制機能が前面」(p.201) に現れていた。しかし, この時期になると, 冒頭で引用したように, 国民の間で外米消費が急速に敬遠されてゆく。「つまり外米の代替性機能の希薄化」によって「米価の高騰を契機に, 食糧『自給』政策は再編成を迫られた」(p.209) のである。

この事態こそが, 農商務省の分割, 農林省の成立の背景であるとして,「農林省の成立」過程を実証的かつ詳細に分析したのは氏が初めてであろう。農商務省を農林省と商工省へと分割することについては, 米価をめぐる省内対立が古くから指摘されてきたが, 氏は, 食糧「自給」政策の推進の上では, 増産政策を補完する米価維持政策の強化が不可欠であり, そのためには農商務省の中で商工系の局によって担当されていた米価政策を, 生産を担当する農務局へ一元化する必要があり, こうした再編の結果として1925年に農林省が独立することになったことを明らかにする。

これに加えて, この期の食糧政策が対処せねばならなかったのが, 朝鮮米による国内米作の圧迫に対する「調整策」である。氏は, 買上措置の円滑化を意図した1924年の米穀法第1条の改正を国内・植民地間の「調整」を目指した具体的措置であるとして, この改正をもって, 米価政策が国内・植民地の増産政策の「調整策」として位置づけられた意味で, 食糧「自給」を目指す食糧政策も「確立」した, との評価を下すのである。

ただし, これは「調整策」が十分機能したとの主張ではない。氏はむしろ, これに続けてすぐに, 1920年代末には外米への依存はほぼ解消され, 食糧「自給」という課額は達成されたが, 他方, 植民地米の流入はとどまるところなく, 米価は低位に安定したとして,「『調整』機能の限界」(p.257) を確認している。

8 第5章「食糧『自給』政策の限界―大恐慌期」は，食糧「自給」を達成した食糧政策が「食糧『自給』を維持する機能を内包するものではなく」(p.263)，「米価維持政策に特化する形で，それ自体変貌し解消へと向かった」(同) 過程が分析される。

まず，この期の食糧政策は浜口内閣の緊縮財政政策の下で財政的には「一転して消極化」(p.268) してゆく。1931年に施行される米穀法の第2次改正も，従来の理解のように統制の強化ではなく，「買上発動を抑制して財政負担を軽減する」(p.272) ものであった。しかも，1930年代にはいると米の供給過剰は恒常化し，農林省もようやく認識を改め，こうして「食糧問題の解決という日露戦後以来継続した政策課題は，……政府の認識のレベルにおいても達成され『消滅』した」(p.283) のである。

それは政策課題を食糧「自給」から「農村救済」へ変え，米価維持策が独自の展開を遂げてゆく。氏は，1932年の米穀部の新設，米穀政策の農務局からの独立をもって，「増産と米価維持の有機的結合はその存在意義を喪失し」，食糧政策は「分断・解消した」(p.292) との評価を与える。同様に，「三四年以降増産政策が後退したことも，食糧『自給』政策の枠組みが完全に崩壊すると同時に，『自給』の維持をはかる政策が形成されなかった」(p.298) との見方を示す。

こうして政府の努力は国内・植民地を通じた増産の抑制と植民地米の移入量制限に向けられた。それは，「米穀供給が過剰であるとの認識が米穀局を中心に農林省を支配していた」(p.311) からであった。しかし，皮肉なことに，1935年頃より「客観的にみて需給関係は再び転機にさしかかっていた」(p.302)。

しかし，増産政策は本格化しなかった。「分裂した米価維持と増産が再び有機的に結合するには，1939-40年に需給関係が決定的に逆転し，政策主体がそれを明確に認識するのをまたねばならなかった」(p.304) のである。

9 終章「総括と展望」では，以上の展開のまとめに加えて，戦時食糧問題

第1部　米穀市場の発展と米穀検査制度の史的展開

への展望が示される。

　それは，北米，豪州からの小麦輸出の急減という東アジアの主要食糧貿易の構造変化で始まる。これは，「最終的に，植民地米の対日供給条件の『悪化』となって集中的に現われた」(p.330)。加えて，朝鮮・台湾における米穀消費の急増が植民地の対日米穀供給の収縮に拍車をかけた。氏はこの事態を，「食糧『自給』課題を達成したものの，それを維持するシステムを欠いた食糧政策が，元来はらんでいた限界に基因するもの」(p.331) とした上で，食糧管理制度へいたる戦時食糧政策を「従来の植民地米供給をその一貫とした対外依存に立脚する食糧供給構造」(p.332) の崩壊と位置づけ，「その解決は戦後改革期以降に持ち越されることになる」(同) と本書を結んでいる。

10　さて，以上見てきたように，本書の論理構成上のキーワードは，「外米依存政策」であるといってよい。つまり，日露戦後の食糧政策が氏によって独自に「外米依存政策」と定式化されたことによって，それが破綻した1920年代の食糧政策が植民地を含めた食糧「自給」政策の体系として説かれ，またそれ故に，1920年代末の食糧「自給」の達成は食糧問題の「一応の解決」として，以後食糧政策は「解消の過程」へ至るものとされたのである。

　しかし，果たして日露戦後の食糧政策を「外米依存政策」と定式化するのは妥当だろうか，というのが評者の最初の疑問である。量的にみても，外米が国内消費量に占める比率は1905年の8.5％，1906年の6.2％が目立つ程度で，その後1921年までは4％以下である。「正貨の流出」という観点からは小さくないにしても，食糧需給の観点からするときこれを「外米依存」と表現するのは適当だろうか。

　確かに，氏が言うように，この期の食糧政策は供給が不足する場合には外米輸入で賄うもので，明確に「自給」を目指したものではなかった。しかし，それは「外米依存」ではなく，基本的に自由貿易ないし市場原理に立脚していたと理解すべきではないのか。氏が米穀輸入税の税率操作による外米輸入の調整に光を当てたことは貴重であるが，それはやはり「依存」ではなく，

補章3　書評：大豆生田稔著『近代日本の食糧政策』

自由貿易の枠内での調整ではなかったか。

11　第2に，氏は，「外米依存」と「自給」とを対比させることで，1920年代の増産政策を日露戦後のそれから際だたせたのであったが，そのことが日露戦後の食糧政策における重要な側面を軽視することにつながったように思える。

　その1は，日露戦後の耕地整理助成と，塩水選，正条植え，乾田馬耕などの明治農法の普及が国内の米増産に持った意義である。氏は，増産政策については専ら1920年代を食糧「自給」を具体的目標としたものとして重視し，従前の米穀の生産奨励政策は明らかに軽視されている。しかし，国内農業に限って言えば，本書p.182図4-1の5カ年移動平均でも明らかなように，国内の米穀生産量は1910年代に5千万石前後から5千9百万石近くに大幅な増加したのであって，1920年代には技術的な一巡もあって同水準で停滞しているのである。この点は，1920年代の増産政策の効果という点で，それが植民地に際だっていたことを正しく理解する上でも重要な点である。

　その2は，日露戦後の県営米穀検査の全国化に全く触れられていないことである。この点詳しくは，拙稿「米穀検査制度の史的展開過程」（『農業総合研究』第40巻第2号，1986年—本書第2章）を参照願うしかないが，この県営検査の全国化は，政府が正貨流出縮減の意図から推進したものであり，国内流通量の増大とともに重大化した脱粒，虫蝕，腐敗などの減耗の増大に対処するためのものであった。その結果，米の商品としての標準化が全国的に進み，1920年代の米流通における銘柄等級制が確立する物質的条件となったものとしてきわめて重要な意味を持っている。

　ちなみに，氏は「生産・流通の両過程」の分析を強調されてはいるが，事実上，米価政策をもって「流通」の分析とされているように思われ，米の市場流通に関する言及は米穀検査の無視が象徴するように，本書の全体を通じてほとんどない。米価政策と流通政策は，明確に異なるものであることからも，この点は少し残念である。

12 　以上の耕地整理と米穀検査は日露戦後の農政を象徴する特徴を持っていた。それは，両者とも依然として地方名望家的な地主層のイニシアティブに依拠していたことである。前者は地主が土地所有者であるから当然であるが，後者についても検査に伴う小作人への補償米の交付のために地主会の設立を指導していた。国内に関していえば，1920年代の増産政策が日露戦後のそれと明確に異なる側面として強調すべきは，むしろこの地主の位置づけではないだろうか。これが第3に指摘したい点である。

　すなわち，小作制度調査委員会にはじまる石黒農政が代表するように，1920年代の増産政策は，もはや地主に生産的機能を期待できないという認識の下に，耕作者である小作人の小作条件の改善をその一環として追求していたのである。それは，小作争議の深刻化にも見られるように，対応の難しい問題として国内における増産政策の効果を制約する点でもあった。

　こうしてみると，氏の場合，1920年代の増産政策が専ら「自給」を目指したという点が強調されるのみで，費用対効果からみた国内と植民地との投資条件の差に十分な言及がないように思われる。つまり，国内では技術が一巡していた結果として，また銘柄等級制の確立という市場流通条件によって，増産よりもむしろより高い価値実現を目指す産米改良，主産地形成が進み，次第に熾烈な産地間銘柄競争が展開されることとなった。こうした国内の米穀生産における量より質への傾斜は，やはり増産効果を制約するものであった（この点に関しては拙稿「市場制度と銘柄競争」京野禎一編著『競争下の食料品市場』筑波書房，1988年を参照されたい―本書第3章）。

　これに対し，植民地は未だインフラの未整備が増産の制約条件であったという意味で，水利施設への助成は大幅な増産効果を期待できるものであった。この投資条件の違いは，「自給」という政策目的から一歩踏み込んだ実態の問題として，また1930年代における植民地米の大量移入による国内農業の圧迫が1920年代の政策の帰結でもあることを理解する上で重要と思われる。

13 　第4は，やはり氏の「外米依存」から「自給」へというシェーマの帰

補章3　書評：大豆生田稔著『近代日本の食糧政策』

結としての1920年代末における食糧問題の「解決」，食糧政策の「解消」という評価についてである。

　氏の理解を確認すれば，1920年代半ばに食糧政策は食糧「自給」政策として「確立」し，1920年代末には食糧「自給」が達成されて，課題は「一応解決される」(p.251)。つまり，食糧政策が「確立」してほんの数年で食糧問題は「解決」されてしまい，その後「消滅」してしまうという理解である。

　にもかかわらず，氏は供給過剰の下での米価維持政策への傾斜や増産政策の後退を，「政府が食糧『自給』の達成をはかる政策を放棄した」(p.292)と言われるのはいかなる意味からであろうか。すでに，「自給」は達成されているのである。しかも，すでに述べたように，この時期の植民地米の大量流入はある意味で1920年代の食糧政策の帰結であったから，その修正もまた当然の成りゆきというべきものである。もとより，氏も確認しているように，米穀法は植民地と国内との「調整策」としては，およそ限界を持っていたのであるから。

　氏は「増産と米価維持の有機的結合」が喪失した点を食糧政策の「解消」のメルクマールとしているが，米のような必需品の場合，価格が下がっても消費は増えないのだから，米価を維持するためには，供給を減らすことが不可欠である。つまり，増産のために価格維持が必要だったのとちょうど逆に，価格維持のためには供給の抑制が必要だったのである。その意味では，供給過剰時の生産抑制政策と米価統制政策とはやはり有機的に関連し合っていたと言わねばならない。

　植民地米の大量流入という事態の下で，米価を維持するために政府の市場介入が米穀法から米穀統制法へと強まっていったこの時期を，「米価維持政策に特化する形で，それ自体変貌し解消へと向かった」(p.263)と評価することは，常識的に見ても無理はないだろうか。食糧政策は，やはり1930年代に「解消に向かった」のではなく，新たな段階へと事態が進んだものと理解すべきだろう。

119

14 この問題は，結局，最初の疑問で述べた点，つまり氏が食糧政策の自由貿易立脚を「外米依存」と捉えた点にさかのぼる。なぜなら，氏は「外米依存」とその破綻に食糧政策成立の根拠を求めた結果，食糧問題も食糧政策も供給不足時だけのものとなり，供給過剰時においては固有の食糧政策を設定できない論理のものだからである。

　しかし，食糧問題とは，その根本は国民経済の資本主義化の進展により，国民の必需品，かつ，農業生産における最大の作物であるコメの需給調整が自由貿易と市場原理では思うように達成されないことに根拠を置くものだろう。そして，食糧政策は何らかの人為的，政策的な措置や市場介入により，それぞれの問題に対応する需給調整，利害調整をしようとするものと言えよう。この意味から，それは「自給」が達成されたからといって解消してゆくものではなく，反対に供給過剰による米価下落，国内農業の危機という新しい需給の不均衡を調整するために市場介入を強めるものだったのである。

15 1930年代の供給過剰は，ある意味で1920年代の政策の結果であった。また，1930年代の政府の過剰認識が戦時期の食糧対策を遅らせる原因でもあった。このように，需給調整を人為的に行おうとする食糧政策は，しばしば見通しを誤り，政策を誤って財政赤字の拡大や事態の深刻化をもたらし，その都度糾弾の対象となった。にもかかわらず，食糧政策は一段と統制を強め，戦時期の食糧管理制度へと向かっていったのはなぜであろうか。

　こうして最後に，氏が戦時期の食糧政策を「戦時固有の条件のもとで発生したもの」として，「ここで把握される食糧問題・食糧政策とは性格を異にする」(p.9) と，戦時期を分析対象から除外した問題へとたどりつく。

　戦時食糧政策と食糧管理制度，またそれがなぜ戦後まで生き残るかに関する評者の理解は，拙稿「戦時体制下における米穀市場の制度化と組織化」(『市場史研究』第8号，1990年―本書第4章) を参照願いたいが，一つのポイントは1936年の米穀配給統制法の評価にある。つまり，米穀統制法が米の価格変動を一定価格帯に抑え込むことに成功した結果として，価格変動に依拠す

る米穀取引所の取引量が減少し，その価格設定機能が弱体化することによって，コメが動かなくなったのである。

それはいわば統制が統制を呼ぶ，価格統制の次の段階としての配給統制にほかならなかった。食糧政策を市場原理に代わる政府による需給調整策と理解するならば，戦時食糧政策は1930年代の延長線上に理解することは難しいことではない。太平洋戦争期に至れば植民地からの供給も絶たれ，需給調整は消費規制にまで進んでゆく。

しかし，どうしてそこまで食糧政策は市場介入を強めねばならなかったのか。食糧問題はなぜそこまで重大であったのか。評者は，この観点から，近代の食糧政策の発展と戦争との関連を問題にする必要があると考えている。本書が対象とした時代は，いつでも戦争できる体制が要求された帝国主義の時代であり，総力戦の時代あった。実際，日露戦争，第１次大戦，15年戦争と日本はほぼ休みなく戦争を繰り返していた。そして，その総力戦体制を維持してゆく「危機管理」機構として国民食糧の安定確保，そのための農業生産の維持を目指す市場制度が要求されたのではないか。

こうして，国家は市場統制を強め，最終的には食管制度により主要食糧の全量を管理し，価格と流通を分離し，生産者価格と消費者価格を分離してまで，国民食糧の確保と生産の維持を計ろうとした。これはまさに戦争遂行のためではあったが，この国民食糧の安定確保，農業生産の維持安定という課題自体は，消費者である国民と生産者である農家の常に要求するものとして普遍性をもっていた。とりわけ，戦後の冷戦と大衆民主主義状況の下では，政権基盤を強化する上で，それは必須の課題であった。

こうした歴史の逆説の中に，食糧管理制度が「危機管理」機構として戦後も生き続けたと理解することはあまりに突飛すぎるであろうか。それはともかく，食糧政策史においては戦時期を特殊として，その他の時期と切り放す接近方法では，その根本的な理解が妨げられるのではないだろうか。

16 以上５点にわたって，疑問を述べてきたが，それらはすべて氏の「外

米依存」の破綻から「自給」政策へという戦前日本の食糧政策の把握の道筋への疑問であり，これに対して評者は自由貿易，市場原理立脚の破綻から政策的需給調整のための市場介入の強化へ，またその根底には「危機管理」という総力戦体制からの要請，という認識を対置してきた。

　しかし，こうした疑問はまさに今後の食糧政策史研究の論点として議論されるべき課題であり，最初に述べたように，本書の食糧政策研究史に対する貢献を低めるものでは決してない。本書によって高められた実証水準を越えることは容易でないが，今日のコメをめぐる政策論議が正しく行われるためにも，本書を引き金として食糧政策研究が活発化することが切に期待されるところである。また，評者の無理解による誤読や勘違いについては，氏のご寛恕を請いたい。

　　　　　　　　　　　　　　（ミネルヴァ書房，1993年刊，359頁）
　　　　　　　　　　　　［『史学雑誌』第103巻第10号，1994年10月に掲載］

第2部
食糧管理制度の成立とその機能

第4章　戦時体制下における米穀市場の制度化と組織化
―食糧管理制度の歴史的性格についての考察―

1．課題の限定

　この章の課題は，佐伯尚美氏が2冊の著書(1)で示された「食管制度の歴史的性格」に関する理解を手がかりに，その成立時の分析を行うことである。この2冊の著書は，佐伯氏が数年来の実証研究の成果を踏まえて，食糧管理制度（以下，食管制度）の全体像を提示されたものであり，その社会的価値はきわめて大きい。われわれはこの佐伯氏の研究を無視しては，食管制度の議論は出来ない。

　本章が対象とするのは，そうした佐伯氏の包括的な研究の中のただ一つの論点，とはいえ最も基本的と思われる「食管制度の歴史的性格」という論点である。まずは，この論点に対して佐伯氏が示された理解を示すことで，本章の分析課題を明確にしておこう。

　佐伯氏の研究の最大の特徴は，それまで価格問題に収斂してきた食管制度論を，等閑視されてきた「米流通システム」という視点から捉え直し，今日の食管制度における流通「自由化」の進展という事態の意味を明らかにされようとした点にある。食管制度の歴史的性格の理解，氏の言葉で言えば「食管制度の原型」の理解もこの視角から成されている。

　端的に言うと，それは戦時体制期の米需給の逼迫という非常事態に対して社会秩序維持のためになされた「政府による米の価格・流通の全面的・直接的管理」であり，「市場原理を全面的に排除し，統制原理によって一元化し

た直接的統制」である(2)。このような戦時の「権力」統制が食管制度の原型であり，それが戦後改革期に「経済」統制へ，1960年代にその「経済」統制が破綻して，70年代以降「統制原理に市場原理を一定程度加えた混合システムへ」というのが，佐伯氏が示す食管制度の「変質と再編」の過程である(3)。

こうした佐伯氏の理解は，戦争という非常時の制度が平時に持ち越された結果，取り繕っても矛盾が拡大して崩れてゆく過程として，今日の流通「自由化」といわれる事態を理解しやすいものとしている。しかし，直ちに次のような疑問も生じてくる。

第1に，食管制度には1920年代以来の米穀市場の制度化の前史がある。これは日本に限ったことではなく，資本主義諸国に共通する歴史である。その意味で，食管制度を現代資本主義の市場制度の1つとしてどの様に捉えるのか。第2には，戦時期の原型が戦後ひたすら崩れてゆくように理解されているが，戦後一旦増加した自由米がむしろ1960年代には減少して事実上の全量管理が達成されたことをどう理解するのか。言い換えると，食管制度が最も安定的に機能した1960年代の時期をあえて「『経済』統制の破綻」期とすることに無理はないか，という2点である。

これは，佐伯氏が流通を重視するあまり，食管制度の歴史的性格も流通の側面のみで評価し，もう一方の価格政策の側面を見落してはいないかということでもある。氏が言われるように，食管制度の基本的特徴が「本来一体であるべき価格と流通が機能的に分断され，いわば二元化している」(4)というのであれば，そのような分断によって一定の自由度を得た価格政策がどのような機能を果たしたかがやはり問われる必要がある。

また氏には，戦時期を「いわば異常な時期」として現代資本主義の諸特徴もノーマルには現われないとする理解が前提にあるように思われる(5)。しかし，現代資本主義の理解に当たっては，むしろ総力戦体制によって資本の原理とは相入れないものが資本主義の中にビルトインされたという戦後との連続性の側面も重視される必要がある(6)。とりわけ食管制度のような直接統制が戦後も永く存続した点の理解に当たっては，その視点が欠かせないで

あろう。

　このような意味から本章では，第1に，食管制度の成立過程におけるそれ以前の米穀政策との関連を，そして第2には，価格を含めた戦時期における食管制度の機能と性格を検討してみたいと思う。また，それらを踏まえて，1960年代における食管制度の機能についても若干の言及を行いたい。

注
（1）佐伯尚美『米流通システム』東京大学出版会，1986，及び同『食管制度』東京大学出版会，1987。
（2）前掲『食管制度』p.2。
（3）同書，第2章「米流通システムの変貌」を参照。
（4）前掲『米流通システム』p.1。
（5）この点は，佐伯氏が暉峻衆三著『日本農業問題の展開（下）』の書評（『経済学論集』第51巻第1号，1985）において，戦時期を「いわば異常な時期における国家独占資本主義であり，そのノーマルな展開はむしろ1950年代以降」（p.130）であると述べているところに端的に示されている。
（6）総力戦体制の現代資本主義にとっての意義については，とりあえず山之内靖「方法論的序論―総力戦とシステム統合」（山之内靖・ヴィクター・コシュマン・成田龍一編『総力戦と現代化』柏書房，1995）を参照。

2．米穀統制法との断絶性と連続性

1）1939年旱害のインパクト

　佐伯氏が言うように，食管制度は市場原理を全面的に排除した直接統制である。これに対し，それ以前の1921年の米穀法，1933年の米穀統制法は，あくまで市場原理を前提に市場操作によって価格調節を行おうとした間接統制であった。この意味で，食管制度とそれ以前の米穀市場制度との間には，断絶ないし飛躍がある。
　一般にこれは米穀需給構造の変化の結果，すなわち米の過剰と価格支持が課題であった時代から，食糧の絶対的不足，国民への平等な配分が課題とな

第2部　食糧管理制度の成立とその機能

った時代への移行の結果として理解されている。そして，その転換点に1939年の朝鮮・西日本における旱害が位置することは言うまでもない。佐伯氏もやはり食管制度の「国家的統制機構の原型」は，この1939年における米需給の逼迫を契機に形成されたとしておられる(1)。そこでわれわれもこの一般的理解に立って，1939年の米需給逼迫から食管制度成立までの過程を振り返っておくことにする。

　年表のように，1939年の朝鮮大旱害は，すでに物価抑制を主要な柱としていた戦時政策を痛打する。しかも，米穀配給統制法第4条の発動による最高販売価格の発表がかえって出回りを抑えて「在ガスレ」状態を作り出し，消費地からは生産地へ出荷懇請の流通大混乱が現出した(2)。ここに戦時体制維持の上で米穀流通の国家統制は必至となり，2月2日には，①生産者団体を主体とする一元集荷，②供出数量割当，③米穀配給組合，白米商組合等を通じての配給，を骨子とする「米穀国家管理案」が閣議決定され，「米穀ノ配給統制ニ関スル応急措置ニ関スル件」により政府の強制買上げの道も拓かれたのである。

　こうした国家による米流通への介入，流通ルートの特定の方向は，1940年に本格化する。その先鞭をつけたのは7月15日公布の小麦配給統制規則だが，それに先立ち農業団体主管の農林省と商業団体主管の商工省の間での事務調整が閣議決定され，集荷は農業団体に，分散は商人系統に取扱業者を特定する事が確認された。こうして8月20日の臨時米穀配給統制規則によって，集荷過程からの商人排除となるのである。それは「米穀が自由商品たる性格を捨てて一定の配給ルートによって流通する統制物資となったこと」(3)を意味した。

　さらに9月には，1940年産米も不作という事態を踏まえて「昭和十六年度米穀対策ニ関スル件」が閣議決定され，農家の自家保有米以外の全量国家管理の確認の下に，10月24日に米穀管理規則が実施に移される。これは流通ルートの特定に続き，そのルートを流通する管理米が明確にされたという意味で食管制度の実質的機構の成立を意味した。また，配給を担当する卸売問屋

第4章　戦時体制下における米穀市場の制度化と組織化

年表　食管制度の成立過程

年	月	日	事　項
1939	4	1	米穀配給統制法公布
	8		朝鮮で大旱害（1,000万石の減収，移入の目処立たず）
	8	24	米穀配給統制法第4条発動，最高価格38円を越える取引を禁止
	9	18	価格統制令（いわゆる9.18ストップ令）
	10	1	日本米穀株式会社営業開始（売り物皆無で市場取引は開店休業）
	11	2	「米穀国家管理案」を閣議決定
	11	6	最高価格を43円に引き上げ，白米にも適用
	11	6	「米穀ノ配給統制ニ関スル応急措置ニ関スル件」
	12	1	米穀搗精制限令
1940	3	23	米穀の応急措置法の改正（政府の買い入れを強化）
	4	9	「各道府県ニ対スル米穀消費量割当ニ関スル件」
	4	30	「米穀対策要綱」（農林省から企画院へ説明）
	5	9	「米穀消費量割当ニ関スル件」
	5	28	「麦類買入要綱」
	5	29	「米穀対策ニ関スル件」（農林省から企画院へ）
	6	10	麦類階級統制規則公布（6月5日施行）
	7	9	「農林商工両省所管事務調整方針要綱」を閣議決定
	7	15	小麦配給統制規則公布（7月20日施行）
	8	20	臨時米穀配給統制規則公布（9月10日施行）
	9	3	「昭和16年度米穀対策ニ関スル件」を閣議決定
	9	13	「自家用保有米ノ標準ニ関スル件」
	10	24	米穀管理規則公布（農家の自家用保有米以外を国家管理）
	10	29	「米穀ノ配給割当制度ニ於ケル大都市消費規準量決定方法ニ関スル件」
1941	3	29	「米穀割当配給制ニ関スル件」
	4	1	六大都市において米穀の通帳配給制実施
	6	4	「配給機構整備ニ関スル件」
	6	9	麦類配給統制規則公布施行（前年の麦類・小麦の2規則を廃止）
	8	7	「米価対策要綱」を閣議決定（二重価格制へ）
	8	12	「米価対策ニ関スル件」
	9	17	農林省，各府県別最高価格発表（銘柄・等級を一部整理）
	9	26	「緊急食糧対策」を閣議決定
	12	5	米穀生産奨励金交付規則公布
	2	21	食糧管理法交付（7月1日施行）

資料：食糧庁『日本食糧政策史の研究』第2巻，1951，食糧管理局『主要食糧の価格政策史』1948の記述より作成。

や小売商の商業組合への一元的組織化も進められ，食糧管理法によって設立される食糧営団の組織的準備も進行したのである。

　このように，食管制度の実質的機構は1939年の朝鮮大旱害を契機としてほぼ1年の間に急速に制度化された。その変化がいかに急激なものであったかは，**表4-1**で，商人への販売を意味する個人販売が臨時米穀配給統制規則後の1941米穀年度に前年の51％から一挙に数％に縮減している点に端的に示さ

129

表 4-1　戦時体制下における米販売形態の変化

単位：千石, %

米穀年度	1937年	1938年	1939年	1940年	1941年
個人販売	27,411	25,601	25,170	20,086	394
(比率)	(74.2)	(71.6)	(69.1)	(51.4)	(1.2)
共同販売	9,554	10,151	11,241	18,649	34,272
(比率)	(25.8)	(28.4)	(30.9)	(48.2)	(98.8)
合計	36,965	35,752	36,411	38,735	34,666
(比率)	(100)	(100)	(100)	(100)	(100)

資料：統計研究会『日本農業構造の統計的継続とその諸問題』1951, p.225。
注：1）米穀年度は前年11月から当該年10月まで。
　　2）共同販売は主に産業組合であるが，他に農業倉庫，米穀統制組合，農会を含む。

れている。こうした広範な農村商人の完全な排除が一省令でなしえたことは戦時体制という時代背景抜きに考えられない。ともかく，食糧管理法はこのいくつもの省令によって応急的に整備されてきた機構を法的に整理統合し，また米麦だけでなく主要食糧全体を包括するものとして1942年2月に成立するのである。

こうして見ると，佐伯氏が食管制度の原型を戦時体制下の米需給逼迫に伴う権力的直接統制とされるのも充分にうなずける。ただしかし，そうした評価にあたっても以下の2点の意義は充分考慮されるべきであろう。第1は，米穀需給逼迫の直前に位置する米穀配給統制法の意義であり，第2は，1941年に明確にされる二重価格制の意義である。そこでまず前者から検討してみよう。

注
（1）前掲『食管制度』p.72以下。
（2）この混乱を具体的に知るものとして，武田道郎『戦前・戦中の米穀管理小史』地球社，1986，第2章がある。
（3）食糧庁『日本食糧政策史の研究』第2巻，1951，p.163。

2）米穀配給統制法の位置

松田延一氏は，『日本食糧政策史の研究』において以下のように述べている。

第4章　戦時体制下における米穀市場の制度化と組織化

「この国家管理制度の起点は何処に求むべきかは問題であるが，私は米穀配給統制法の制定をもってこの発足の起点とすることが妥当であると考える。何故なら，これは米穀統制法を前提に之が補強策の性格をもちながらも，一面に於てより強力なる国家統制の下に新しい配給機構への展望をもたんとしたものだからである」(1)。「米穀配給統制法の根本動因は，従来の米穀統制が価格調節に終始したのであるのに対し，市場機構自体の改革をなさなければ，十全なる米穀統制は之をなし得ないということに着眼したことに因る」(2)。

この米穀配給統制法立案の起点は，1935年6月の農林・商工当局と取引所代表による「米穀取引所研究会」にまでさかのぼる。それは同年12月設立の「米穀配給調整協議会」を経て「日本米穀株式会社案要綱」のとりまとめとなるが，国会未提出のまま1937年7月に第1次近衛文麿内閣下での「米穀配給新機構調査委員会」に引き継がれ，1938年12月「日本米穀株式会社案要綱」（通称，有馬案）となる。

この有馬案は「万一の米穀事情にそなへて，米の集荷組織を市町村農会，産業組合等の公益機関に独占させ，又米価の二重価格制を設けて社会政策的考慮を加ふる等頗る理想主義的な意図を有して居た」(3)といわれる。しかし，これは商業者の猛烈なる反対を受け，近衛内閣も総辞職の結果，平沼内閣の桜内農相の下で手直しされ，ようやく米穀配給統制法として1939年4月に公布となるのである。

このような若干の紆余曲折を経たが，この法律により全国の米穀取引所は廃止され，新たに半額政府出資で設立される国策会社日本米穀株式会社によって正米取引市場が開設されることになった。また，そこでの市場員は免許制となり，しかも生産者団体たる全販連は売り一方，米穀取扱業者の団体たる小売商業組合は買い一方として，両者の摩擦回避が図られた。また，販売価格は米穀統制法の最高最低価格の範囲内に限定され，政府が必要を認めた場合は配給上の統制命令を出せることになったのである。

つまり，米穀配給統制法の制定過程を貫いていたものは，米穀流通から清算取引のような投機的・営利的性格を切り捨て，それを実物取引のみの公益

131

表4-2　全国米穀取引所売買高

単位：千石

期間		販売高	指数
自由期	1900-1913年平均	64,572	24
	1914-1920年平均	272,614	100
米穀法	1921-1926年平均	288,038	105
	1927-1932年平均	196,572	72
米穀統制法	1933年	124,238	46
	1934年	110,103	40
	1935年	95,148	35

資料：内池廉吉『米穀統制政策と米穀取引所の機能』日本学術振興会，1936，pp.45-7の表より作成。

的・国策的機構へ改変しようとする政策基調であり，確かに松田氏が言うように，価格統制から流通統制へ踏み出すものであった。その意味で，米穀配給統制法は米穀需給逼迫後に進展してゆく米穀流通統制という事態の前史として，米穀統制法と食糧管理法を連結する位置にあると言える。ただし，ここでは更に進んで価格統制という米穀政策の中から，なぜ流通機構そのものの改革が生まれてきたかが問われねばならない。

その最も直接的要因は，表4-2のような米穀統制法の施行に伴う米穀取引所の取引高の減少であった。そもそも，取引所の清算取引は価格変動を利用した鞘取り売買によって公正な価格形成と価格の平準化，及び保険機能を果たすものであった。それが米穀法以来の国の市場介入によって，米価変動が抑制されることとなり，その存立基盤が縮小されていったのである。

かつて，政府も一商人として市況を見計らって市場介入する米穀法の段階では，「政府の出動が返って投機に有力なる材料を供することとなりたる為，……其の取引高の如きも之を取引所が旺盛を極めたる大正前期に比し差したる遜色を呈せざる」(4) 状態であった。しかし，米穀統制法の施行により，米価変動が終局的に政府の公定価格の範囲内に抑制されるに及んで，取引所の売買高は急速に減少することになったのである。

1935年の「米穀取引所研究会」以来，米穀配給統制法へ至る論議の主要な課題もそこにあった(5)。つまり，米穀統制法は間接統制とはいえ，「本来一体であるべき価格と流通」の内の価格を限定された範囲内に閉じこめた限り

において，それまでの市場機構の中心機関であった取引所の社会的存在意味をも奪ってしまったといえる。

「取引所ノ立場ハ自由主義経済組織ノ下ニ物価ノ変動ニ依ッテ配給ノ円滑ヲ期シテ行コウト云ウ機関デアリマス，……ドウシテモ統制法ガ強化セレルト云ウコトニナレバ，ソレニ順応シタ配給機関ヲ茲ニ編出セネバナラヌノデハナイカ」(6)という取引所の訴えは当然であり，それゆえ彼らは賠償ないし市場の官営を求めたのである。

このように米穀統制法による変動幅抑制という価格統制自体が，米穀取引所に代わる新たな市場機構の形成を要請するものだった。その意味で米穀配給統制法の制定に携わった荷見安が，1939年の需給逼迫時点で「幸か不幸か米穀取引所の廃止が其の以前に行なわれていたので統制管理の実行が非常に円滑に行なわれることになった」(7)というのも，あながち手前味噌ではない。少なくとも流通を含む直接統制の準備は開始されていたのである。しかし，流通統制への要請はこの米穀統制法の結果としての取引所問題だけではなかった。米穀統制法自体の限界にも起因していたのである。

注
（1）（2）食糧庁『日本食糧政策史の研究』第2巻，1951，p.22。
（3）同上書，p.27。なお，三宅正一『米穀配給統制法の解説』p.24からの引用。
（4）内池廉吉『米穀統制政策と米穀取引所の機能』日本学術振興会，1936，p.45。
（5）荷見安『米穀取引所廃止の顚末』日本食糧協会，1955を参照。
（6）農林省米穀局『米穀配給調整協議会第二部委員会議事要領』，p.21。取引所代表上田委員の発言。
（7）荷見前掲書，序，p.2。

3）米穀市場の制度化と組織化

米穀統制法は，昭和恐慌による米価の惨落を前にして，米穀法を更に強化する意図の下に制定されたものであることは言うまでもない。しかし，このことから直ちに米穀法や米穀統制法を「農業保護」制度とすることは，一面

的である。米穀法の制定と運用が米価抑制を重要な政策意図としていたことはすでに明らかにされているし(1)，米穀統制法にしても1934年の東北大凶作においては一転して米価抑制に大きな効力を発揮した。

従来，こうした市場制度を地主的か，独占資本的か，といった単純な二者択一で論ずる傾向があったが，それらは本来自由を原則とする資本主義社会における市場制度の性格を基本的に見誤ったものである。

第1部の米穀検査制度についてもそうであったように，資本主義にとって自由市場は体制的な原則であって，それへの国の介入は自由市場に勝る必要が生じた場合に限られる。換言するなら，市場の制度化は体制危機に対する「危機管理」を使命とするものである。この性格からして特定の利害を超越する国民経済的「公共性」ないし「中立性」が不可欠であり，独占資本や地主などの生の利害を体現するものではあり得ないのである。

この点で，わが国の米穀市場の制度化を貫いてきた論理も「米価変動の平準化」という中立的な主題であった。それは米穀市場制度化の起点に位置する1915年の米価調節調査会において農商務大臣が「本官ハ米価ヲ騰貴セシメントスルニアラス，又之ヲ低落セシメントスルニアラス，偏ニ之ヲシテ相当ノ地位ニ在ラシメ以テ生産者ト消費者トヲシテ其ノ所ニ安ンセシメント欲ス」(2)と述べていることに象徴的に示されている。

もちろんそれが，ある時は低落防止に，ある時は騰貴抑制に機能することは当然である。しかし，市場制度自体は，この国民経済的「公共性」の証のために，生産者向けと消費者向けは一対のものとして，結局「変動抑制」の範囲を越えることは出来ないのである。

ここに農業保護という政策意図からするときの市場制度の限界があり，それを補強するものが必要となる。それが組織化である。1915年の米価調節調査会でも，政府提案の常平倉案は採用とならなかったが，「産業組合ガ進ンデ農業倉庫ヲ経営シテ其ノ組合員ノ米穀ヲ保存シ，或ハ進ンデ共同販売ヲスル」(3)という意図のもとに農業倉庫法（1917）が成立することになった。それは農家自らが組織化によって平均売りと共同計算を実施し，危険の分散

第4章　戦時体制下における米穀市場の制度化と組織化

と変動自体の抑制をするために，その物質的基盤となる農業倉庫の建設に助成を与えようとするものである。

つまり，山居倉庫などの営業倉庫ではなく，公共団体・農会・産業組合に助成が限定された所に，その組織化の意図は明白に示されているのである。

しかし，圧倒的な零細農を含む小経営的生産様式にあって，また階層格差の存在する日本農村において協同組合の形成はきわめて困難な課題である。孤立分散的生産の下での流通組織は，米肥商に代表されるような前期的小商人に担われていたからである(4)。そして，農家が商品化に際して直接対応を余儀なくされるのもこうした多段階で複雑な流通過程であり，それがまた米価変動の農家への影響も増幅する役割を担っていたのである。

米穀統制法の価格統制としての限界も，実はそこにあった。米穀統制法は確かに生産費を考慮にいれた最低米価の維持に効力を示したが，それはあくまで卸売段階の価格であって農家の庭先価格ではなかった。もちろん，すべての農家が制度を熟知し，産業組合を利用して最低米価で販売することは理論的には可能であるが，実際上の米の販売・流通は広範な小商人に担われていた。

表4-3Aは，農林省が集約した全国868カ所の地方事情調査員の数字である。最低価格の周知の程度は，とりわけ農業危機が深刻な東北地方でむしろ低く，全体でも5割にも達していない。またその重要な理由は，**表4-3B**のように，多く農村に伝統的に介在する小商人のこれまた生存権を掛けた集荷活動に基

表4-3A　最低米価周知の程度
（1933年1月調査）

比率の高い県		比率の低い県	
香川	7.3割	東京	2.1割
福岡	7.1割	青森	2.5割
京都	6.6割	兵庫	2.5割
佐賀	6.2割	岩手	2.6割
宮城	6.1割	山形	2.8割
奈良	6.1割	福島	2.8割
全国平均		4.6割	

資料：経済更生部総務課『第五回地方事情調査報告（未定稿）』1934より。

第2部　食糧管理制度の成立とその機能

表4-3B　米穀統制法実施状況に関する地方事情調査員の報告

「米穀統制法施行セラレタル今日農家トシテハ産業組合其ノ他系統団体等ニテ最低価格以上デ共同販売スル様ニ努力スベキト思フガ此ノ点ニ付居村内農民ハ如何に考ヘテ居ルカ」に対する回答。

宮城県名瀬村：「村内米穀ノ取引ハ商人トノ貸借関係上今俄ニ個人取引ヲ廃止シ能ハザル状況ニアル」

山形県高畠村：「農家ハ資金ノ関係上止ムナク損失ヲ知リツツ商人ニ売却セルモノナリ又公定価格ヲ知ラス商人ニ惑ワサレ売却スルモノアリ」

千葉県飯野村：「居村内農民ハ米穀統制法ノ施行ニ依リ地方相場ノ幾分騰貴セリオ喜ブ程度ニシテ依然トシテ庭先相場ヲ以テ地方商人ニ販売スル弊ヲ捨テズ」

岐阜県広見村：「個人ニテ公定最低価格以下ニテ地方商人ニ売却スルノ不利ナルコトハ十分了知シ居レルモ倉庫ノ関係上止ムナク個人取引ヲセルナリ，農業倉庫ノ完備ガ急務ナリト信ズ」

三重県城南村：「市況ニ比較的疎キ農民ニ対シ地方仲買人ハ政府入庫検査ガ甚ダ厳重ナルタメ入庫検査ノ際不合格米多シ云々，又ハ政府倉庫満倉ニテ買上中止云々等宣伝シ，随ツテ農家ハ半信半疑ノ状態ナリ」

滋賀県七郷村：「産業組合利用ノ共同販売ヲ有利ナリト知レルモ商人ガ現金ヲ持参シテ庭先ニテ買取ルタメ共同販売上取扱手続ノ複雑及代金支払ノ不便ヲ嫌ヒ米価最低価格ト値開キ少ナキ時ハ大部分商人ニ売ルモノ多シ」

鳥取県宇田川村：「過半数ノ農家ハ産業組合ニ固定セル旧債アル為メ々共同販売代金ヲ差押ヘラレタルタメ止ムナク生存上不利ト思ヒツツ個人販売ニ依レリ」

広島県祇園村：「地方穀物商人ニ於テモ農家ノ法ノ暗キヲ利用シ或ハ手続キノ繁雑ト金廻リノ遅キニ籍口シ農家ヲ迷ワシムル傾向アリヲ以テ其悪弊ヲ除カザル限リ共同販売モ行イ難シ」

大分県明治村：「近時県下各地ノ農業倉庫不正事件続出シタメ人心動揺シ又米穀統制法不徹底ノ為仲買商人ノ甘言ニ乗ゼラレ地方商人ヘ個人売リヲナスモノ多シ」

資料：表4-3Aに同じ。

因していたのである。

　こうして価格統制の「危機管理」としての限界は，結局，流通組織化を柱とする流通統制に米穀政策を向かわせることとなった。そして，この時期に米穀流通組織化の政策的推進の意味を持ったのは，籾貯蔵奨励であった。それは1930年の豊作に預金部資金3千万円を貯蔵者に融通して5百万石を籾貯蔵させたことに始まり，1932年2月に米穀貯蔵奨励規則，1936年には籾共同貯蔵助成法となる。1933年には5百万石の貯蔵のため4百万円，1934年約2千万円が計上され，この助成を受けて設立された農業倉庫は2,197棟にのぼった。この結果，**表4-4**のように産業組合の農業倉庫数はこの時期に飛躍的に増大し，それが物質的基盤となって農民の共同販売も進展したのである(5)。

　もちろん，こうした組織化は農家自身の自主的な運動によって進められる

第4章　戦時体制下における米穀市場の制度化と組織化

表4-4　農業倉庫の発達

年	経営主体数	内産業組合	棟数（棟）	収容力（千俵）
1917	112	96	723	1,848
1921	1,063	938	2,460	6,597
1924	1,706	1,540	3,533	9,936
1927	2,464	2,319	4,887	14,456
1930	2,756	2,658	5,235	15,761
1933	3,376	3,313	6,348	20,041
1936	4,691	4,665	8,304	28,294
1939	5,379	5,362	9,258	31,453

資料：帝国農会『農業年鑑』各年版より。

ことが望ましい。1933年に始まる農山漁村経済更生運動と一体の産業組合拡充五ヵ年計画は，そうした一大キャンペーンであった。にもかかわらず，表4-1で見たように，米の共同販売は1939年でもやっと3割を越えたに過ぎなかった。そればかりでなく，それはすぐさま商権擁護，反産運動を誘発し，商業者との間で激しい政治的対立を深めることになった。

　産業組合による米穀販売の組織化は，独占段階の流通過程において進行する社会的流通費用の節約，手数料商人化の過程として歴史的勢いを持っていた[6]。その一方，農村の小商人もまた独占段階の過剰人口の存在形態として容易に消滅するものではなかった。それゆえ，米穀配給統制協議会における主要課題の一つも，この産業組合と米穀商人との関係調整に関するものであり[7]，結局，市場員の免許制と全販連・商業組合の機能分離に落ちついたのである。

　こうして米穀市場の制度化と組織化の過程を振りかえって見るとき，産業組合による一元集荷という米穀需給逼迫後に国家統制として創り出された米穀流通は，いわば組織化の極限形態を制度化したものであって，飛躍はあっても長い前史の延長線上に位置するものであった。もちろん，それは農家自身の自主的運動では決して成し遂げられない国家権力による合理化でもあり，そのことが農協組織に国家政策への依存という逃れ難い体質を刻印したことも見逃すことはできないだろう。

第2部　食糧管理制度の成立とその機能

注
（1）大豆生田稔『近代日本の食糧政策』ミネルヴァ書房, 1993, 第4章, および川東靖弘『戦前日本の米価政策史研究』ミネルヴァ書房, 1990, 第2章を参照。
（2）米価調節調査会『米価調節調査会録事（第一回）』1916, p.9。この調査会は1915年に設立され, 農商務大臣からは後の米穀法と同趣旨の「常平倉案」等が提案された。それゆえ食糧庁前掲書も「この間調査会以後の諸調査会に於ても恒久対策が研究されたのであるが, その際, 本調査会に於いて立案された案の精神が骨子になっていると見ることが出来る。かくの如くに米価調節調査会の歴史的意義は極めて大きい」（第1巻, p.48）と述べている。
（3）米価調節調査会『米価調節調査会録事（第二回）』1916, p.73。
（4）この点については, 川村琢「農産物の市場問題」（斎藤晴造・菅野俊作編『資本主義の農業問題』日本評論社, 1967）を参照。
（5）荷見安『米穀政策論』日本評論社, 1937, 第4章を参照。
（6）三国英実「農産物市場における手数料商人化に関する一考察」(『農業経済研究』第43巻第1号, 1971）を参照。
（7）農林省米穀局『米穀配給調整協議会第一部委員会議事要領』1937を参照。なお, 第三部委員会は, 商工省が育成していた商業組合の優遇についてであった。

3．「権力」統制の機能と性格

1）二重価格制への移行

　以上のように, 1939年以降の直接統制はそれまでの間接統制と全く断絶したものではなく, むしろ間接統制の「危機管理」機構としての限界が需給逼迫を契機に一段と露になった結果として登場してきたものであった。その意味で, それは間接統制期に準備されてきたものを土台として, むしろそれを極限化したものとも言うことができる。したがって, 権力的直接統制ではあっても一時的・応急的なものに留まらず, 恒久的性格のものとして実施に移されたと考えるのが至当であろう。ならば問題は, それが「危機管理」機構としての機能をどのように果たし得たかに懸かっている。
　そこで次に, この時期の価格政策に眼を転じよう。というのも, 価格調節自体が目標であった間接統制期に対して, 価格政策はこの期に根本的に性格

第4章 戦時体制下における米穀市場の制度化と組織化

表4-5 米穀統制法による公定米価の推移

単位：石当たり円

年	物価参酌値(A)	最低米価			家計米価	最高米価	
		生産費	決定値(B)	B/A増減%		決定値(C)	C/A増減%
1933	24.41	22.17	23.30	−4.5		30.50	24.9
1934	24.88	27.95	24.30	−2.3		31.50	26.6
1935	27.23	26.79	24.80	−8.9		33.20	21.9
1936	29.09	24.73	24.90	−14.4	33.9	33.90	16.5
1937	33.67	26.43	27.30	−18.9	34.35	35.40	5.1
1938	38.26	28.6	29.90	−21.8	34.95	35.40	−7.5
1939	44.22	31.07	32.50	−26.5	34.55	43.00	−2.8
1940	47.62	39.38	39.00	−18.1	42.38	43.00	−9.7

資料：食糧管理局『主要食糧の価格政策史』1948より作成。なお、生産費の欄は、『農業経済累年統計』第4巻、1975より。

を変化させたからである。

つまり、1941米穀年度からは流通する米の全量が国家管理となり、「問題の中軸は、配給政策となり、価格政策は、その側面の問題となった」(1)のである。

それは政府が価格を裁量によって決定出来るようになったことを意味するが、「価格は、その内面に複雑な経済的、社会的要因を含んでいるが故に、それは、政治的一方的な統制価格では、財は生産も配分も円滑にゆかない」(2)のである。したがって、価格政策は、生産配給政策の円滑な運行のためにむしろ決定的な位置を占めることになったのである。そこで、その観点から二重米価制への移行が「米価対策要綱」として閣議決定される1941年8月の時点をもう少し詳しく見ておくことにしよう。

すでに、1939年11月、政府は米穀統制法の標準最高価格を43円に引上げ、同時に米穀配給統制法第4条による最高販売価格も43円として、値上がり予想の売り惜しみ、退蔵を一掃するために、1940米穀年度内は価格を引上げぬ声明を行った。しかし、**表4-5**のように1938年より最高米価は一般物価との相対関係を示す物価参酌値を下回り、相対的な割安は明白となっていた。しかも、労賃・資材価格の騰貴により米生産費は1939年より急激に上昇し始め、すでに意味を失ったとはいえ最低米価を越えただけでなく、1941年産につい

139

ては最高米価43円をも越える情勢となった。こうして，増産体制確立の上で1941年米価の引上げは必至であったが，それはまた低物価政策とも係わって決して容易なことではなかったのである。

1941年5月3日の「米価対策ニ関スル諸問題」は，その問題状況を以下のように分析している。まず諸物価高騰の中で米価割安がもたらす事態については，物価統制令があるとはいえ，他物価は米価と違って闇価格によって「決シテ公定価格ノ額面通リニ適用シテハ居ラズ」，この結果農民の「他作物ヘノ転換」「他産業ヘノ転出」の傾向が「既ニ相当其ノ兆候ヲ認メラレ」る。しかも，それを「単ナル法的措置ニ依ツテ米作ノ維持，減産防止ト云ウ経済的目的ヲ十分達成スルコトハ到底望ミ難」く，さらには「農民ノ自家消費ガ増シ又米ヲ飼料トスルト云ウガ如キ異常消費ノ発生」ともなって，政府による米の絶対量確保が難しくなる，と深刻にとらえている。

しかし，他方で米価の引上げは，「農村購買力ノ増加ヲ通ジ」「『インフレ』激化ノ契機ヲ作ル虞ガア」り，また，「特ニ労賃ノ引上要求ヲ招来シ」「急激全面的ニ諸物価引上ノ口実ニ利用セラレ，低物価政策ヲ根底カラ崩壊セシメル危険ガアル」(3)。この増産刺激とインフレ抑制という戦時体制のジレンマこそが，それを回避しうる唯一残された対応策として，生産奨励金とともに二重価格制を政府に執らせた基本的背景であった。

しかも，それは直接統制の自然の成行きのように見えて，実は米の全量国家管理を新たな段階に進ませるものでもあった。すなわち，「所謂二重価格制ハ農家ノ販売米即チ管理米ノ全部ヲ政府ニ於テ買上ゲルコトヲ前提トシ，一般米価ハ之ヲ据置キ，政府米ノ買入価格ノミヲ引上ゲントスルモノデ，実質的ニハ専売制ニ帰着スルモンデアル」(4)。

前年1940年10月の米穀管理規則は農家の自家保有米以外の米のすべてを管理米として政府の管理下に置いてはいたが，政府が直接買い上げるのは，中央消費地配給向けの約3分の2で，残りは地方長官の管理のもとに地方内の配給計画にしたがって販売されていた。また，1940年産米の政府買入れは，価格の据え置きも影響して管理米数量の54％に留まっていたのであった(5)。

第4章　戦時体制下における米穀市場の制度化と組織化

　それが二重価格制への移行により，全量を政府が買い上げ，販売する専売制となったのである。つまり，増産と配給の円滑化の要請が二重価格制を導き，二重価格制が専売制を導くという相互関係の中で，食管制度は価格・流通の全面的・直接的管理という原型を形づくっていったのである。

注
（1）食糧管理局『主要食糧の価格政策史』（市原政治稿）1948，p.192。
（2）同上書，p.202。
（3）同上書，pp.202-7。
（4）同上書，p.205。
（5）櫻井誠『米　その政策と運動』上，農文協，1989，p.228。

2）二重価格制の機能

　こうして，二重価格制移行の方針は，まず7月3日に「米価対策ニ関スル件」として決定された後，さらに物価対策審議会の2回の審議を経て，8月7日「米価対策要綱」として閣議決定された。しかし，この価格対策の決定過程にはもう一つ重要な論点があった。価格による生産刺激を有効にするための地主小作関係の調整の問題である。それは，先の「米価対策ニ関スル諸問題」でも「而シテ米価引上ノ場合ハ，増産刺激ノ見地ヨリ小作農ノ立場ヲ考慮シ，小作料ニ関スル適当ナ措置ヲ講ズルコトガ必要デアロウ」(1)と，明確に提起されていた。

　この適当なる措置として採用されたのが生産奨励金であった。それは「生産者ニ対シテ植付数量，生産数量ニ応ジテ交付セラルノデ，単ニ米価ヲ引上ゲル場合ノ如ク主トシテ地主ヲ利スル結果ヲ回避シ得，生産刺激トナル」からである。こうして，「政府ハ食糧自給強化並ニ低物価水準確保ノ為米穀生産者ニ対シ一石ニ付奨励金五円ヲ交付スルト共ニ買入標準価格ヲ一円方引上ゲル方針ヲ執ルコト」(2)（閣議決定）となったのである。

　しかも，「生産者に対する奨励金は米価引上げに代へると云う意味に於て，段当を基準とせずに，管理米として供出されたものに対して之を交付する方

141

表4-6 戦時体制下の米価決定

単位：石当たり円

	買入価格		奨励金・補給金		生産者実質価格	売渡価格
	地主	生産者	生産者	小作者		
1940年	43.00	43.00			43.00	43.00
1941・42年	44.00	44.00	5.00	5.00	49.00	43.00
1943・1944年	47.00	47.00	15.50	15.50	62.50	46.00
1945年1次4月	55.00	92.50	-	37.50	92.50	46.00
2次11月	55.00	150.00	-	-	150.00	75.00
3次1946年3月	55.00	300.00	-	-	300.00	250.00

資料：櫻井誠『米その政策と運動』農文協，1989，上p.227，中p.39より作成．

法を執ることにし，又小作者に付いては，小作米の全部，即ち小作米中の管理米とならないものに対しても交付する」(3)こととされたのであった．

この結果，**表4-6**のように，1941年米価は，地主の場合は石当たり44円と前年に対し一円引上げられただけであったが(4)，自作農と小作農にあっては実質価格は49円となった．つまり，これによって小作農にとって小作料は約2％減額され，反対に地主の小作料収入は目減りした．この措置は，食糧管理法が成立して最初の米価決定である1943年米価においても，生産確保補給金10円50銭の追加によってより強化され，減額率は33％に拡大した．さらに，1945年には地主と生産者の間に明確な買上価格差が作られ，それが敗戦後にも引き継がれて，1946年3月には55円と300円という大幅な格差となり，この年の小作料の意味は限りなく小さくなったのである．

このような戦時期の米価政策が地主の所有権を制限していった意味については，最も早くは栗原百寿が指摘し(5)，いまでは常識の部類に属するが，その正確な把握のためには管理米の割当などの供出政策と合わせて見なければならない．というのも，米穀管理規則は自家保有米を除くすべての米を管理米として供出させるものであったが，当初同じ道府県内に居住する地主にも認められた自家保有米は，1941年9月の専売制への移行を期に同じ市町村地区内に居住する地主に限定され，その結果不在地主の小作料はすべて管理米として小作人から政府に直接販売され，地主は代金のみを受取るという事実上の小作料代金納制となったからである．

つまり，不在地主については地主と小作の間に国家が直接介入し，差別米

第4章 戦時体制下における米穀市場の制度化と組織化

価を通じてその寄生的性格を去勢していったのである。その意味で，小作地を貸し付ける経済的意義を急速に縮減し，敗戦後の農地改革の前提を間違いなく作ったと言える。しかし，わが国の地主を代表するのはむしろ在村の零細耕作地主で，そこでは自家保有米としての現物小作料が残ったことが重要だとする論者もいる(6)。ただし，そこにおいても供出の圧力は少なからぬ影響を地主に与えていた。

　山形県東田川郡余目町提興屋部落の34戸について1941年10月から1年間の，「供出部面に於ける諸事情を，個々の農家につき，経営規模別，階層別に分析」した貴重な報告書『米穀管理制度一ケ年間の実態調査』がそのことを物語っている。必要な限りで紹介すれば，規則上認められた保有米と実際の保有米量とを比較した「飯米過不足状況」では，「三町以上及び一町未満の両極農家層はそれぞれ著しいマイナスを現している」(7)。このうち1町未満は耕作面積自体の過小によるものであり，結果的には還元配給を受けている。しかし，地主兼自作，地主兼自小作を中心とした3町以上層8戸は「供出量合計八八九石，部落全体数量の六七％を占め，一戸平均一二一石余，供出率平均九二・六％といふ，押しも押されぬ驚異的な地位を確保しているのであるが，この緊張した供出度は多量な屑米の補充によって補填されているとは云え，（中略）この緊張度は，部落の指導的農家層の供出への熱意，国の食糧政策への協力のほどを如実に現すとともに，地主層は地主層で，大経営農家は大経営農家で，到底自家用保有米基準数量を以ては充当し得ない米の消費量（各般の用途）の補給策を講ずる必要に迫られるであろうことが推量される」(8)とある。

　つまり，割当供出量を完遂するという場合，経営面積が大きく屑米なども多い層が結果的に不足する供出量を引受けざる得ない圧力が部落内で作られていたことを意味する。これに1943年からの部落単位で供出量を割当て，割当の90％を越えたときには生産者の供出米には石当たり40円，地主の供出米には15円，100％を越えた場合は，それぞれ100円と75円を部落に対して交付するという供出奨励金制度が付け加われば，尚更である。

143

第２部　食糧管理制度の成立とその機能

表4-7　米の供出割当と政府買入量

単位：万石

	1941年	1942年	1943年	1944年
米穀生産量(1)	5,509	6,678	6,289	5,856
割当数量(2)	2,990	4,102	3,906	3,725
政府買入数量(3)	2,887	3,997	3,968	3,729
割当比率(2)/(1)%	54.3	61.4	62.1	63.6
買入比率(3)/(2)%	96.5	97.4	101.7	100.1
（参考試算）				
奨励金交付数量(4)	3,199	4,240	4,177	3,549
地主の自家保有用小作料(4)-(3)	312	243	209	-180

資料：櫻井前掲書，上，p.234。
　　　(4)の数字は，杉崎真一「食糧管理特別会計と財政・経済」(『食糧管理月報』第２巻第９号，1950)の第９表「生産奨励金及び価格差補給金実績」より逆算した数字。銘柄等級価格差は無視した概数。
注：地主の自家保有小作料は政府買入米以外の奨励金交付米であることから，(4)-(3)で試算した。

　それは表4-7で，割当比率が年々増加しているにもかかわらず，供出達成率が1943年，1944年には100％を越えるという数字の中に，この部落強制の強さが物語られている。そこでは耕作地主が部落内で指導的地位にいればいるほど，「国の食糧政策への協力」の大義名分のもとに自己犠牲を強いられるものとなっただろう。試みに，奨励金総額から逆算した数字を使って地主の自家保有用小作料を試算してみると，それはやはり年々縮小を示しているのである。

注
（１）食糧管理局前掲書，p.205。
（２）同上書，p.210。
（３）井野碩哉「米価対策に就いて」『農林時報』第１巻第15号，1941，p.2。
（４）ただし，この年は銘柄・等級が一部整理されたことにより，実質的にさらに１円高い買上げとなった。
（５）拙稿「農業危機論・農業恐慌論」（西田美昭他編『栗原百寿農業理論の射程』八朔社，1990）を参照。
（６）暉峻衆三『日本農業問題の展開下』東京大学出版会，1984，p.344。
（７）帝国農会『米穀管理制度一ケ年間の実態調査』1943，p.214。
（８）同上書，p.158。ただし，同じ３町以上層の中にもプラスとマイナスの不均衡があることも同時に注目されている。

第4章　戦時体制下における米穀市場の制度化と組織化

3)「権力」統制の機能と性格

　このように，供出・価格政策が地主の地代収入を否定してゆく方向を示した背後には，食糧事情の窮迫化という事態があったことは言うまでもない。食糧増産の観点からするとき，小作料は生産刺激の効果を低下させるものでしかなかったからである。しかし，問題なのは，このことが「危機管理」機構としての食管制度の歴史的性格と，どのように関係するのかということである。

　そこでまず確認すべきことは，太平洋戦争下の当時が国家にとって危機の極まった時であったということである。戦争に負けるかもしれない。少なくとも，戦争を継続できる体制を維持しなければ負けてしまうという意味で，国民食糧の確保はすべてに優先する条件であった。この危機的状況こそが，佐伯氏が強調する権力的性格を食管制度に刻印したものであるが，他方では価格面における生産者への最大級の「譲歩」の根拠でもある。すなわち，全量国家管理に移行して以降の米価決定は，農家の再生産確保という観点から生産費に重点を移しつつあったが，食管制度では，生産費の算定自体が大きく修正された。

　その第1は，調査範囲の拡張である。生産費の調査農家は主要米作地帯（1,932戸）に加え，山間地帯や果樹地帯などの特殊地帯（462戸）が追加された。それは，生産費分布における限界地部分の追加を意味し，平均生産費を高める意味をもった。第2は，石当たり計算に必要な収量を調査年のものではなく，最近五ヶ年の平均収量としたことである。これは1942年産米が例外的に豊作で，そのままの数字を使えば生産費が安くなってしまうことに対応したものと考えられる。第3は，調査費目に農業保険掛金，投下資本利子が追加されたことである。これらは農業団体が年来強く要望してきたものであった[1]。

　このような調査算定方式の修正に加えて，実際の1943年産米買入価格決定

においても重要な変化が見られた。75％バルクライン方式と利潤の導入である。すなわち、この時には参考として、それまでの①中庸生産費、②労賃・肥料代を実態に合わせて修正した中庸生産費の2つに加え、③調査農家の75％をカバーするバルクライン方式で計算された生産費の3つが利用され、そのいずれについても利潤が6分と1割の2通り計算された。このバルクライン方式により石当たりの生産費は他より5円ほど高くなり、利潤によりさらに3円から5円高くなった(2)。

この他に他の農産物や物資との均衡価格も加味して、1943年米価は買入価格47円、奨励金・補給金15円50銭、実質62円50銭となった。これは、バルクライン方式、利潤1割の66円55銭には及ばなかったが、62円50銭までの引上げるのに、この新しい方式が果たした役割は小さくなかったといえよう。このように、「権力」統制を維持するために米価を引上げる論理のすべてが動員されていたのであり、佐伯氏が戦後の変質の特徴として重視する価格インセンティブはこの段階でも最大級に利用されていたのである。

つまり、権力的な側面も生産者への「譲歩」の側面も「危機管理」の手段なのであって、やはり権力的統制としての食管制度が、「危機管理」としての機能をどのように果たしていたかが問題なのである。

その場合、食管制度の主要な機能は、佐伯氏も強調しておられるように、私権に委ねれば極端な不平等とパニックとなりかねない状況で、限られた食糧をいかに国民に公正で平等に配分するかにあったことは言うまでもない。しかも、そこでは日本の歴史上かつてない徹底した「平等主義」原理が貫かれていたことがとりわけ重要である。すなわち、そこでの平等は決して市場経済における「機会の平等」ではなく、年齢や男女、仕事などすべての国民一人一人の能力に応じた「共産主義」的平等であった。それはイデオロギー的には、一億国民が戦勝という一点のために、その能力に応じてすべてを捧げるという戦争の論理に支えられていたという意味で戦時「平等主義」と言えるものである。

この究極的危機の裏返しとしての「平等主義」こそが、食管制度に「公共

的」市場制度としての正統性も与え，また「危機管理」機構としての機能も可能にしたものであった。あのように過酷な供出の100％達成が可能となったのも，単に権力的強制ではなく，価格インセンティブと共に，戦前の日本農村に支配的だった土地を持つものと持たないものとの不平等を平等化してゆくという「平等主義」原理が，供出においても米価においても貫かれて行ったからではなかったかと思われるのである。

注
（1）（2）食糧管理局前掲書，pp.326-9。

4．1960年代における食管制度の機能――むすびにかえて――

　こうして，食管制度の成立過程から「危機管理」機構という基本的性格，並びに「平等化」という機能が抽出されることになったが，それは単に戦時下での機能を説明するためではない。むしろ，戦後に食管制度がなにゆえに長く生きのびたのかを考えるためである。それは，おそらく奇異に受けとめられるであろうが，以下のような意味においてである。
　すなわち，戦後の出発点において，その後の方向を定める意味をもった戦後「民主化」の内実として，日本国民一人一人が受けとめたものこそが，実はこの「平等主義」原理であったと思われるからである。逆説的であるが，戦争中に国民の生活は食糧をはじめとする一律的な配給制度によって極端に画一化され，結果的に平等化されていた。日本の国民大衆が戦後の「民主化」の過程で希求したのは，政治的手続きとしての民主主義以上に，戦時下の強制の結果としての「平等」に代わる強制によるのではない「平等」社会であった。
　このような戦後の国民的コンセンサスを前提に考えるとき，食管制度の「危機管理」機構としての「平等主義」的性格は，単なる戦時期の制度にとどまらない生命力を持ち得るものとなる。いま，その通史的分析は別の機会に譲

って，佐伯氏が「『経済』統制の破綻」期とされた1960年に限って，それが市場制度として果たした機能について簡単な考察を加えてみよう。

この時期は，1960年に「生産費所得補償方式」が採用され，農業と米価をめぐる状況が大きく変化してゆく時期である。しかし，それはまた60年安保危機の「残響」により緊張が持続している時でもあった。

E・カルダーは，1958年秋からこの1963年を「日本の保守を襲った戦後第二の危機」とし，日本資本主義に際だった利益配分政策が制度化された時期としている(1)。

すなわち，55年体制の成立で安定したかに見えた保守体制は，1958年総選挙での勝利を背景に岸内閣が，自衛隊増強，安保条約改定交渉の開始，警職法改正案などの「逆コース」政策を次々と打ち出し，安保危機への道を歩んでゆく。しかも，この時期の農政は，1955年鳩山内閣の河野一郎農相によって開始された「安上がり農政」が継承され，MSA，PL480につづく農産物貿易協定でアメリカの余剰農産物受入れが進んだだけでなく，生産者米価も1956年，1958年の引き下げを含めて伸び悩んだ。この結果，「五五年から六〇年にかけ，製造業の賃金は年平均16.9％も上昇したが，農業所得の上昇は，僅かにその四分の一にしか過ぎなかった」(2)のである。

1960年の安保危機は，日米関係維持からも，三井三池に象徴された「総資本対総労働」の観点からも日本の資本にとって戦後最大の危機であったと言っていい。それは農業に関しても農産物輸入自由化という重要な論点を含んでいたのである。この状況において，安保危機の後の政界の緊張を和らげ，政局の安定をめざす池田内閣にとって，農村をもう一度保守基盤として取り戻すのか，それとも「農村へのアピールを強化」しはじめた革新の側へ譲り渡すのかは，戦略的に決定的な部分だったのである。

つまり，この安保危機の緊張の結果として農業はキャスティング・ヴォートを握ったと言える。こうして農業が政府から引き出した最大の譲歩が農業基本法と「生産費所得補償方式」であった。前者は西ドイツにおける農業の近代化，都市と農村の平等化を目標とする同名の法をモデルとし，55年以来

農業関係団体が政府に要求してきたものであった。また，後者は戦後の米不足下においてパリティ米価が生産者米価抑制の役割しか果たさなかったことを踏まえて，農業団体が強く要求していたものであった。

　今日から見れば，農業基本法は「自立経営農家」という幻想を農民に与えただけであったともいえるが，そこでの農工間の所得均衡・平等化という理念は政府を強く拘束するものとなった。構造政策の行き詰まりを政策米価がカバーしてゆくことになるからである。「政府決定の国内米価が，国際相場からも，その前の五年間の動きからも，大きくかけ離れてゆくのは，ポスト安保危機の時期であ」り，「60年から64年だけをとっても，生産者米価は43パーセントも値上がりした」(3)のである。

　こうして，食管制度はこの時期，生産者米価を通じて農村と都市との平等化という役割を果たし，体制の「危機管理」に貢献することになった。それは農村だけではない。都市においても，いよいよインフレが深刻化する中で消費者米価が国会の論議となり，据え置かれてゆく過程は，消費者に食管制度を国民生活の安定化を補償する制度と受け止めさせたのである。

　自由米の減少は，ある意味で戦時期と同じ「危機管理」上のジレンマによって余儀なくされた二重価格制の結果に他ならなかった。とはいえ，食管制度は，この時期に現代資本主義における市場制度として，農村と都市の双方で「危機管理」機構としての機能を積極的に果たしたと言うことができる。これは「『経済』統制の破綻」期といったネガティブな位置づけではなく，むしろ戦時期とともに食管制度が固有の役割を果たした時期として位置づけられた上で，その功罪が問われねばならない。

　というのも，後々まで生産者や消費者に食管制度のイメージの原型としてあるのは，この60年代のものであり，それが果たした平等化・安定化機能と思われるからである。この改変論議がその後強い抵抗を受けるのも，この時期のそれへの強い信頼が農家や国民の根底にあるからではないか。

　ただし，周知のように，この時期に食管制度は財政負担増と米の過剰化という機能不全を構造化した。しかし，もっと重要な側面は，食管制度の「平

第2部　食糧管理制度の成立とその機能

等化」の内実が戦時期の貧しい時代のものだっただけに，産地間の品質の差や消費者の嗜好・ニーズの多様化といった政治的に処理できない要素に対応できるだけの柔軟性を持っていなかったことである。そして，この問題への対応が1969年の自主流通米以来の流通「自由化」といわれる制度の弾力化であったことは言うまでもない。それは食管制度の「平等主義」の内実が市場原理に取って換えられていく過程であり，まさに佐伯氏が示したように，統制原理と市場原理の混合システムとして，食管制度が規制緩和の道を歩んでいくものであった。

　その道が，比較的ゆるやかな過程となったのは，米が国民の主食として，また農業生産における主要農産物としての地位を維持していた重みからであった。冷戦が継続する下では「危機管理」機構としての食管制度は「平等化」のシンボルとしての存在感を持ち続けたのである。

注

(1) Calder. K. E. *Crisis and Compensation ; Public Policy and Political Stability in Japan, 1949-1986.* Princeton University Press, 1988（カルダー・E・ケント［淑子カルダー訳］『自民党長期政権の研究』文藝春秋，1989, pp.57-72)。
(2) 同上書, p.207。
(3) 同上書, p.209。

第5章　戦時食糧問題と農産物配給統制

1. はじめに

　この章では，米を含む食糧農産物全体に視野を広げて，戦争とともに深刻化した食糧問題に対して，価格・配給統制がどのように強化されていったかについて考察する。その場合でも，やはり1939年以降の米の統制が中心となるが，本章ではその前段の為替管理や物資動員計画，他の農産物の需給動向と統制の進展も合わせて見ていくことにする。

　これまでの研究では，米が特別扱いされ，米だけで農産物市場が議論される傾向があった。また，そこでの視野は国内だけに限定され，円ブロック内の朝鮮，台湾，そして満洲国との関係については，論じられない場合が多かった。これは，日本の，とりわけ戦前の国内市場における米の比重を考えれば無理もないが，戦時下の食糧政策と価格・配給統制を精確に理解しようとすれば，より包括的な視野が要求される。そこで本章は，これまでのいずれの研究よりも包括的に，戦時の食糧問題と農産物配給統制を描き出してみたいと思う。

　そのように視野を広く持った上で，政策については，事態の進展に行政が応急対策を迫られる側面だけではなく，むしろ戦時を好機として行政が流通再編・合理化を断行しようとする側面にも十分な注意を払うことにしたい。また，戦争末期には，増産・供出の促進とインフレ抑制という矛盾した課題の調整が最大の問題となることも重視したい。

　こうした戦時期についても，これまでの日本農業史では，地主小作関係と土地政策を独立に取り上げて分析されることが多かった。それは，地主小作

第2部　食糧管理制度の成立とその機能

関係が農村における独自の生産関係と理解され，「土地改革の未達成」が農業における「発展」の障害と想定されていたからである。

　しかし，戦時期に政府がなぜ地主の所有権の制限を強力に推進するのかについては，これまで突っ込んだ言及はなく，もっぱら石黒忠篤や和田博雄といった農林官僚のパーソナルな志向が取り上げられてきたのである。日中戦争開始以降，小作争議は押さえ込まれており，体制にとっての脅威ではなかった。しかるに，なぜ戦時体制は地主小作関係のドラスティックな改変に取り組んだのかといえば，最大の理由は食糧問題である。

　戦時の体制にとって一番の脅威は，食糧不足であった。第1次大戦中のドイツの例を熟知する国家にとって，食糧不足は戦時体制の自壊を意味する。戦時体制下においては，食糧増産こそが至上命令であり，それこそが生産者である小作農を優遇し，不生産的な地主の所有権の制限を推進させるものであった。戦時下で何者にも優先する食糧政策の意義が，これまでは「地主制」という権威主義的な歴史観の固定化によって，十分な位置づけをなされてこなかったのである。

　この章では，戦時下においていかに食糧問題が刻一刻と深刻化の度合いを高めていくかについて，できる限り丁寧に追いかけながら，それへの政府の統制がいかに矛盾をはらみつつ進展していくかを明らかにする。そして，それら統制の中に実は戦後の農産物市場制度の原型が数多くあることも指摘する。ここにも，農産物市場制度が国家の「危機管理」の一部という歴史的性格が浮き上がってくるである。

2．統制への序曲——日中戦争の開始と東亜農林協議会——

1）日中戦争の開始と飼料配給統制

　1936年末に馬場鍈一蔵相が発表した超大型予算は輸入の爆発的増加をもたらし，堪らず大蔵省は，翌1937年早々，為替管理と輸入制限を開始した[1]。さらに1937年7月7日には日中戦争が勃発し，9月には臨時資金調整法，輸

第5章　戦時食糧問題と農産物配給統制

出入品等臨時措置法が制定され，戦時経済統制は本格的に開始された(2)。1941年以前に制定された農産物の配給統制規則は，ほとんどがこの輸出入品等臨時措置法に基づくものであった。

ただし，国内の食糧需給は長く過剰基調にあったため，飼料を除いては特にその影響を受けなかった。しかし，飼料だけは，中国からの輸入麩が戦争で輸入途絶し，またトウモロコシも為替管理や船腹不足で供給が大幅に減少したため，飼料価格が20〜30％も騰貴した(3)。それが農家の複合部門として驚異的な発展を遂げていた養鶏業を直撃したのだった(4)。

この事態に対しては，供給力があり，かつ外貨の不要な満洲国からの輸入を増やす以外に方策はなかった。こうして翌1938年3月に，農産物で初めて「配給統制」の名を持つ飼料配給統制規則が成立した。それは「従来，主として第三国から輸入していた飼料を，出来る限り友邦満洲国より輸入することを主眼」(5)としたものであり，1935年28％に過ぎなかった満洲国からの飼料輸入は1938年に76％を占めるまで急増したのである(6)。

注
（1）中村隆英「『準戦時』から『戦時』経済体制への移行」（近代日本研究会『戦時経済』山川出版社，1987）参照。
（2）江田春之「戦時飼料問題の展望」（『産業組合』391号，1938）参照。
（3）木村靖二「戦時下に於ける飼料問題」（『帝国農会報』28巻4号，1938）pp.157-60。
（4）江田前掲稿，p.131。
（5）衆議院における寺田委員長報告の一説。江田前掲稿，p.132。
（6）農林省『飼料ニ関スル資料（第三輯）』1939，pp.9-10。

2）物動改訂の衝撃

1938年1月に入ると日中戦争は膠着状態に入った。戦争が「長期持久」の様相を示す中で，物資動員計画（以下，物動と略）が企画院によって立案された。これは外貨使用可能量の見積もりに立って輸入物資を軍需と民需の間

で調整して需給計画を樹立したものである。ところが，この年は輸出不振から，当初計画は6月時点で実現不可能となり，6月23日に物動の約2割縮小改訂が閣議決定され，国内向け綿製品の販売禁止など，民需のより徹底的な削減が開始されることになったのである(1)。

　このために農業政策も厳しい対応を迫られた。7月14日開催の全国経済部長会議の場で有馬頼寧農相は，物動改訂への対応として「農業ノ全般ニ亘リ一定ノ生産計画ヲ樹立シ各種農産物ノ重要度ニ応ジテ大体四種類ニ分類シテ参リタイ」と述べた(2)。すなわち，①米麦など主要食糧は，「需給推算による生産目標を定めて必ず一定の生産を確保する」。②輸出を主眼とする茶，生糸，菜種，除虫菊，百合根などは，輸出増進上のために増産する。③粟，稗などは，「現状維持場合によっては減少も已むなきものとす」。④園芸農産物は場合によって「生産を制限，禁止する」という4分類である(3)。これは，主要食糧の確保に加えて外貨獲得のための輸出農産物振興が強調され，更に生産制限ないし禁止が明確に意識された最初であった。

注
（1）原朗「戦時経済統制の開始」(『岩波講座日本歴史』20，岩波書店，1976) pp.228-9。玉真之介「『満洲移民』から『満蒙開拓』へ」(『弘前大学経済研究』19号，1990) 参照。
（2）『農務時報』119号，1938，p.55。
（3）『農業』694号，1938，p.84。

3）東亜農林協議会

　この会議に続いて，8月15〜20日までの6日間にわたって開催されたのが東亜農林協議会である(1)。この会議のテーマは，物動改訂を受けて円ブロック内の農業生産を調整することにあった。外貨獲得のためには円ブロック内を一体として「各領域間の経済的障壁を出来得るだけ撤去すると共に適地適産を実行することが望ましい」(2)が，国内と競合する品目もあるので，ここに品目毎の調整が課題とされたのである。

第5章　戦時食糧問題と農産物配給統制

　実際，そこでの議題は「米穀ニ関スル事項」から始まって，小麦，繭糸，茶，工業原料農産物，林業，水産業，家畜，馬，肥料，玉蜀黍，酒精原料など個々の農産品目であった(3)。そこで「各地域に於ける国家的統制を行ひその基礎の上に或る程度の増産を行ふ可きことの了解が成立した」(4)。これは，それまで国内保護のために農林省が強硬に制限してきた朝鮮，台湾，満洲における米増産を，国家統制を担保に認めるという重要な方針転換を意味した。しかも，「日本の蚕糸業と中支の蚕糸業との関係，内地及び台湾の茶と支那の茶との関係，亜麻の内地，朝鮮，満洲に於ける総合的調整等夫々その程度を異にするが，その解決の基調を統制組織の確立を前提としてその基礎の上に於ける或る程度の増産といふことに置いている」(5)とあるように，それは他の作物についても同様であった。

　こうして満洲国では，この年の11月に米穀管理法が公布され，日本国内に先んじて米の配給統制が始まる。台湾でも総督府が米を独占的に管理する台湾米移出管理法が成立し，併せて米の増産が計画されたのである(6)。

注
（1）この東亜農林協議会の性格については，玉前掲稿を参照。
（2）井出正孝「日満支農業の連絡調整及計画化」（『農業』696号，1938）p.54。
（3）農林大臣官房調査課『農林協議会記録』1939。
（4）（5）農林大臣官房調査課『戦時農業政策』中央農林協議会，1940, p.416。
（6）満洲については，玉真之介「満洲国における米穀管理法について」（『農業市場研究』9巻2号，2001）を参照。台湾については，大豆生田稔『近代日本の食糧政策』ミネルヴァ書房，1993，第5章を参照。

3．食糧需給構造の変化と米パニック

1）米需給の構造変化

　1938年12月22日，例年通り米穀統制法による公定米価が公表され，**表5-1**のように，最高米価は据え置きの35.40円，最低米価は2.60円引き上げて29.90

155

第2部　食糧管理制度の成立とその機能

表5-1　米穀統制法による公定米価の推移

単位：円

米穀年度		1937年度 (1936年12月決定)	1938年度 (1937年12月決定)	1939年度 (1938年12月決定)
最高米価	物価参酌値	29.09	33.67	38.26
	同上上値2割	34.91	40.40	45.91
	家計米価	33.90	34.35	34.55
	決定米価	33.90	35.40	35.40
最低米価	物価参酌値	29.09	33.67	38.26
	同上下値2割	23.85	26.94	30.61
	生産費等	25.90	27.65	29.90
	決定米価	24.90	27.30	29.90

資料：食糧管理局『主要食糧の価格政策史』，農業技術協会，1948より作成。
注：1937年の最低米価の決定に当たっては，物価参酌値の下値1割8分が使用された。

円となった。最低米価引き上げの主な理由は物価上昇である。一般物価を示す物価参酌値は，前年に比べ4.59円（13.6％）増加し，2年前に比べれば9.17円（31.5％）の増加という大幅な上昇であった(1)。今や物価上昇は，戦時経済における重大問題となり，最高米価が据え置かれたのも物価抑制のためであった。

それまで落ち着いていた米価もこの12月からは上昇し，1939年に入ると標準最高価格に張り付いて推移した。それでも1939米穀年度の政府需給推算では，内地・朝鮮・台湾を総計して総供給高10,955万石，総需要高10,033万石で，差引持越見込高922万石（1939年3月1日衆議院での米穀局長答弁の数字）(2)と，いささかの不安もないはずであった。

しかし実際には，朝鮮米・台湾米の移入減少という新たな事態が米需給を変化させていた。内地市場供給量に占める朝鮮米，台湾米のシェアは昭和恐慌下に急増していたが(3)，表5-2のように，1938年末からその移入量は毎月前年比で約50万石も減っていた。そして，その主因は，朝鮮，台湾における国内消費量の増加だった。特に朝鮮では，工業化の進展に呼応して1人当たり消費高が急増して，国内消費高も1939年は1937年対比500万石も増加していたのである(4)。

こうした6月末に，朝鮮総督府が旱魃による米移植面積の大幅減少を発表したことから，米価の急騰が始まるのである。

第5章　戦時食糧問題と農産物配給統制

表5-2　朝鮮・台湾における米移輸出数量

単位：玄米千石

	内地向移出					
	朝鮮			台湾		
	1938	1939	前年比	1938	1939	前年比
11月	1,162	711	(-)452	421	389	(-)32
12月	1,495	1,019	(-)477	652	489	(-)163
1月	1,324	731	(-)593	325	389	(+)65
2月	764	610	(-)154	217	225	(+)8
3月	1,141	625	(-)516	214	146	(-)68
4月	1,117	650	(-)467	148	69	(-)79
5月	1,099	763	(-)336	169	78	(-)91
6月	778	341	(-)447	499	178	(-)321
7月	696	195	(-)501	724	512	(-)212
累計	9,588	5,646	(-)3,942	3,370	2,476	(-)894

資料：『昭和14年米穀対策関係書類綴二』（荷見文庫）。
注：1）京城米穀事務所長，台北米穀事務所の報告による。
　　2）米穀年度（11月～10月）。1939年7月は概数。

注
（1）市原政治『主要食糧の価格政策史』食糧管理局，1948，pp.137-9。
（2）大山謙吉「米穀の計画的増産と其の奨励施設」（『農業』702号，1939）p.1。
（3）東畑精一・大川一司『米穀経済の研究（1）』有斐閣，1939，p.443。
（4）玉真之介「戦時農政の転換と日満農政研究会」（『村落社会研究』8号，1998）p.12。

2）米穀配給統制法の成立

　それに先だって，4月12日に米穀配給統制法が成立した。この法律は，1936年末に公表された米穀株式会社案を起源とし，その眼目は米穀統制の進展で取引が減った米穀取引所を救済することにあった。ただし，それが1938年8月に日本米穀株式会社案として再登場すると，有馬農相が世に知れた産業組合中心主義者であったので，全国の米穀業者は「その中に秘められた今後の具体的統制方策に関しての不安，産組進出への疑心暗鬼」(1)によって，法案反対の大運動を開始した。年が明け，近衛文麿内閣の後を平沼騏一郎内閣が襲って，桜内農相の下で名称が一段と戦時色の強い米穀配給統制法となっても，法案の内容に本質的な変化はなかった。そのため，米穀商業者は，

157

卸売業者，小売業者ともども全国連合会を組織して，議会に向けた反対運動を果敢に展開したのである(2)。

そうではあったが，「この米穀商の反対運動の本質たるや極めて複雑であり，東京を主導とする関東側と大阪の反目，卸売商対小売商の対峙，更には生産者側たる産業組合陣営に対する示威等」(3)，運動はまとまらず，ようやく米穀配給統制法は成立した。ただし，目前には法律が予想しない米の需給逼迫が迫っていた。日本米穀株式会社は予定通り7月に設立されるが，市場取引を前提としたこの会社には，出番無しに等しい事態が発生したのである。

注
（1）「時事解説」『東京朝日新聞』1939年2月25日。
（2）箭内眞二郎『全米商聯史（前史）』全米商聯史刊行会，1943。
（3）前掲「時事解説」。

3）米パニックの発生

水利が不完全な朝鮮の田圃は，雨を待って稲が育つのが一般的であった。この年は5月中旬から旱魃となり，6月21日朝鮮総督府は全朝鮮における水稲植え付けは予定面積の34.9％と発表した。折り悪く台湾一期作の減収も伝えられ，米価はにわかに高騰を始め，6月末には35.90円と最高米価を突破，7月上旬には36.40円をつけるに至った(1)。

同時に，政府米払下申込みも激増して7月末には97万石に達し，その内60万石が6月以降であった。しかも，この政府米が蔵出しの前に市場価格との鞘を狙って転売され，さらに値上がりを煽ることとなった(2)。このため，7月中旬，払下米を市中に流すための組織として農林省が米穀業者に働きかけて作らせたのが臨時米穀配給組合（以下，臨配と略）であった。東京では7月21日に東京廻米問屋組合など3組合によって組織され，東京における1日の米消費量を5万俵として，その3割の1万5千俵が臨配を通じて払い下げられた。同様に，大阪，名古屋においても米穀商により臨時米穀配給組合

第5章 戦時食糧問題と農産物配給統制

が組織された(3)。

　しかし，米穀の需給は朝鮮の旱魃被害がはっきりするにしたがって逼迫し，深川正米市場の米価は8月1日36.80円，19日38.20円，23日にはついに39円を突破した。ここに至り政府は，米穀配給統制法第4条を8月25日に発動して，最高販売米価を38円に決定した（当日の米価は39.10円）。この結果，米穀配給統制法の規定により，この日より38円を上回る価格での取引は違法となったため，実際の米価は40円を越えているのに，「兎も角も三十八円に決定になった以上は，それ以上の値段で販売することは出来ませんから，売ることも出来なければ，買付も出来ない」(4) 事態となったのである。

　当然，産地では42円，43円という闇相場が一般化した。さらに9月になると，朝鮮はもとより西日本においても旱魃減収が決定的になって，大阪はじめ関西の消費地の米穀商は関東以北の米産地に出向いて争奪戦を展開した。東京では，売る米が無く休業・転業・廃業に追い込まれる小売商が9月20までに130店，10月8日までに240店にもなった(5)。

　10月からは大都市における米は一段と政府の払い下げ米に依存するようになり，不穏な状況も手伝って「かくて十二月初頭より全配給米が警視庁の監視下に置かれることとなり，買付は東京都，配給は警視庁といふ監督の二分野が判然と分担された」(6)。このため「業者は東京都と警視庁との間に挟まれて，資金の調達，到着する米の荷捌き及び市内に対する分配の実務に当る」(7) ことになった。

注
(1) 川上鈴舟「波乱を起こした最近の米価」(『米穀』33巻7号，1939) pp.24-5。
(2) 「臨時米穀対策協議会議事（三）」(『米穀』34巻3号，1940) p.25。
(3) 木村靖二「米穀事情及び米穀政策の発展」(『産業組合』416号，1940)。東京については，野村兼太郎監修『東京都食糧営団史』東京都食糧営団史刊行会，1950，武田道郎『戦前・戦中の米穀管理小史』地球社，1986。大阪については，岩佐武夫『近代大阪の米穀流通史』大阪第一食糧，1985を参照。
(4) 前掲「臨時米穀対策協議会議事（三）」p.26。
(5) 前掲『東京都食糧営団史』p.98。なお，休業については10月16日まで。

(6) 前掲『東京都食糧営団史』p.115。
(7) 前掲「臨時米穀対策協議会議事（三）」pp.27-8。

4）政府による応急対策

　この時，政府がとった応急対策は，基本的に節米を含む需給均衡化と米流通の円滑化の2つであった。まず10月6日の閣議は，国家総動員法第8条の発動による白米食の禁止と米の7分搗を決め（12月1日，節米令），それによる120万石の節米に加えて，混食代用食の奨励（150万石），酒造米の制限（150万石）によって420万石の消費節約が目指された(1)。

　次にとられたのが，「所謂府県リンク制である」。これは「生産県たる岩手，宮城，秋田，山形，新潟外七県と大阪，兵庫，岡山，広島等旱害地，東京，愛知等主要消費都市外十五県とをリンクさせ，政府に於て出荷数量約百五十万石の割当を行ひ，出荷の促進と配給の統制を図った」(2) ものである。しかし，産地での売り惜しみの原因は割安な米価であったので，民間の米移動は依然として渋滞した。そこで政府も11月6日に最高価格を5円上げて43円としたが，この効果も意外に薄く，「さらに次の値上げを予想させ，産地側からの破約が続出する始末であった」(3)。また，出荷促進に協力してすでに米を売った新潟などの早場米産地には損害を与えることにもなった(4)。

　こうして，残された手段は政府自身による政府米の増強だけとなった。すでに政府は10月21日に内地米50万石の買入を決めたが，「次いで六百万石の買上を決定し，各生産県に割当て政府直接生産者団体を通じ買上げることとした」(5)。その際，政府から割当を受けた生産県は，「之を管内の市町村に割当て，市町村は更に部落，生産者と次々に割当を行ひ，大体市町村に出荷の責任を有たしめ，極力出荷の督励を為し，之が促進を図った」(6)。この結果，民間流通は認められていたとはいえ，「結局政府買上の強行に伴ひ，之が払下により多く依存せざるを得ないこととなった」(7) のであった。

　政府はまた，11月2日の閣議で外米の輸入買入を発表し，600万石を目標

表5-3 米穀需給実績（米穀年度：前年11月～10月）

単位：千石

米穀年度			1937年度	1938年度	1939年度	1940年度
供給高	国内	持ち越し高	8,007	7,512	8,493	4,061
		生産高	67,340	66,320	65,869	68,964
		小計	75,347	73,832	74,362	73,025
	移輸入高	朝鮮	6,736	10,149	5,690	395
		台湾	4,856	4,971	3,962	2,784
		南方諸地域	278	151	156	7,984
		小計	11,879	15,271	9,808	11,163
	合計		87,226	89,103	84,170	84,188
需要高	消費高		79,066	80,023	79,243	78,887
	移輸出高		648	587	766	944
	合計		79,714	80,610	80,109	79,831
翌年度への持ち越し			7,512	8,493	4,061	4,357

資料：前田道雄『戦時下に於ける食糧需給対策』農業技術協会，1948，pp.7-8。

に1億円の輸入資金によってタイ，ビルマ，仏領インドシナからの買付を進めた(8)。この結果，1940年4月までに内地米約720万石，外地米438万石（300万石到着済）の買付が手続き完了し，台湾米移入見込455万石も政府により処分できることから「以上合計政府ノ所有又ハ処分権内ニ在ル数量見込高ハ二千五十余万石」(9)となった。こうして4月中旬の時点でようやく「仮令民間米ノ出廻依然トシテ不円滑ナル現状継続シ政府米一本ニテ大消費地ノ需要ニ対応スルトスルモ供給不安ヲ来ス如キ懼ハ之ナキモノト確信致シテ居ル」(10)状況となったのである。

表5-3は，米穀需給実績である。供給については，1939年度，1940年度と朝鮮，台湾からの移入減少が明瞭である。その減少を補っているのは南方からの輸入米であるが，国内生産も貢献していた。1939年は，確かに西日本は旱魃で減収であったが，東日本の増収がそれを上回り，全体では1933年に次ぐ史上2番目の大豊作だった。前年の東亜農林協議会を受けてすでに400万石の増産計画が開始されていたことも幸いした。需要には1939年度225万石，1940年度約300万石（計画）の軍用米が含まれていた(11)が，結果として消費量は全体として大きく減少しなかった。

注
（1）「米穀事情（昭和十五年四月）」『米穀事情』（荷見文庫）。
（2）木村前掲稿，pp.16-20。
（3）前掲『東京都食糧営団史』p.109。
（4）新潟県の状況については，前掲臨時米穀対策協議会議事，pp.21-4。また，この損失に対して政府は当局斡旋分の70万石について石当たり2円の損失補償金を交付した（木村前掲稿，p.20）。
（5）片柳眞吉『日本戦時食糧政策』伊藤書店，1942，p.76。
（6）同上書，p.82。
（7）同上書，p.77。
（8）「外国米買入ニ関スル件」（『農林大臣事務引継書』1940年1月）荷見文庫。
（9）（10）「第三政府米ノ買入及売渡」（前掲「米穀事情」）。
（11）「米穀事情（昭和十五年三月）」『米穀事情』（荷見文庫）。

4．集荷機構の生産者団体への一元化

1）酪農業調整法の制定

　米穀配給統制法が時代遅れの法律だったのに対して，同じ第74帝国議会で成立した酪農調整法（1939年3月25日成立，8月25日施行）は，「画期的なものと称して差し支えない」(1) ものだった。畜産物は，日中戦争開始と同時に軍需物資として，また外貨獲得のための輸出品として重要視されていた。練粉乳やバターなどの酪農生産物も「国民体位の向上に寄与すると共に他面輸出乳製品の生産を促進して時局の最も強く要請する国際貸借改善に資する」ことから，「酪農業全体を組織化し且酪農産物の生産及販売に或る程度の計画性を与えること」(2) を目的に制定されたのが酪農業調整法である。
　その目玉は「牛乳生産者団体の販売統制力強化」であって，「生産者の強力なる統制団体」を指定して，従来最も弊害の多かった乳製品メーカー間の集乳合戦を排除することが目指された(3)。これが戦後のいわゆる不足払い法（1961年）における指定集乳団体制度の原型となることは言うまでもない。合わせて，原料乳の取引は，乳量の配分，価格及び其の決定方法，代金支払

第5章　戦時食糧問題と農産物配給統制

の方法，牛乳受渡の方法などが許可制となった。さらに製酪業者をもって組織する「全国唯一の法人」として製酪組合の創設が定められ，輸出はこの組合の単一マークで行うように決められた。こうして酪農業調整法は以後急速に進む生産者団体による集荷の一元化の第1弾となったのである。

注
（1）伊藤俊夫「我国酪農統制の基本問題」（『農業と経済』8巻7号，1941）p.101。
（2）（3）「第七十四帝国議会の協賛を経たる農林関係法律」（『農務時報』128号，1939）pp.1-2。

2）日本輸出農産物株式会社法の成立

　1938年6月の物動改訂以後，国家的課題となったのは，輸出振興であった。中でも，農産物は，原料が国内で生産されることから外貨獲得の上で重要視された。実際，1938年では農林水産物が総輸出額の27.2％を占め，外貨獲得となる第三国向けでは33.3％と，3分の1を占めていた(1)。その中身は，アメリカへ向かう生糸が圧倒的で半額を占めるが，その他，茶，水産物，缶びん詰食料品，植物油，薄荷油，魚油，除虫菊，樟脳，薄荷脳，麦稈真田なども第三国向けに数百万円から数千万円の輸出額で並んでいた。
　こうした品目をより多く輸出に振り向けるために，集荷機関の一元化を目的に制定されたのが，日本輸出農産物株式会社法であった。1940年4月8日に公布されたこの法律により，指定された農産物は一元的に集荷され，輸出，加工，軍需，国内向けなどの振り分けがこの会社によってなされた。ただし，輸出自体は輸出業者が輸出組合の統制の下に実施することになり，輸出業者の権益は保護された。加工業者についても同様である。その分，集荷については，品目にもよるが生産者団体である産業組合が担当することが了解された。実際，この会社の出資は半額が政府で残りは全販連，住友物産，三菱商事が大口出資者であり，7月20日に創立された会社の役員も三井と三菱，それに北連（北海道販売組合連合会）の代表3名が常務理事となった。

163

第2部　食糧管理制度の成立とその機能

　つまり，ここでは集荷が生産者団体に一元化された代わりに，配給面での商業団体への領域保証がなされ，農林省と商工省との間で利害が調整されていた。以後，この方式が農産物配給統制の基本になるのである。なお，この法律によって当初指定となったのは，除虫菊乾花（生産地：北海道・和歌山・山口・香川・長崎など），薄荷取卸油（北海道・広島・岡山），青豌豆・菜豆（北海道），菜種油（全国），馬鈴薯澱粉（北海道）であった。この内，北海道の産品は北聯の一元集荷となった。

注
（1）栂井義雄「農林水産物の強制輸出」（『産業組合』406号，1939）。

3）木炭需給の逼迫と木炭配給統制規則

　1939年末から1940年にかけては米だけではなく，木炭，肥料，飼料，製糸なども次々と需給が逼迫した。特に，木炭は1940年の冬場における家庭用燃料として，米とともに「消費大衆に多大の不安を与ふるに至った」(1)。それは石油が軍需最優先となり，1938年5月1日からはガソリンも切符制となって，バス，ハイヤー，タクシー，乗用車などの木炭車への切り替えが開始されたためである(2)。さらに，急速な工業化の進展が工業用需要並びに都市における家庭用木炭需要を増加させた。

　政府も1939年度の木炭需要の増加を予測して1.4億貫の増産を進めていたが，「愈々最盛需要期に入って木炭の荷動が漸く活発に為らんとするとき，木炭の需要と深い関係に在る石炭の供給が異常に逼迫した為に」(3)，都市での木炭需要が急増したのである。

　こうして12月19日に公布されたのが木炭配給統制規則である。これは米と同じ府県リンク制により，「農林大臣の指定する生産道県で生産された木炭は農林大臣の指定する消費道府県を仕向地とするのでなければ移出が出来ぬ」(4)というものであった。また，その移出者も当該地方長官が指定した者に限られた。その際，指定を受ける適格者としては，生産者系統団体と移

出商組合聯合会の二系統が認められたが,実際には地方長官が移出数量を「生産系統団体を通じて,木炭生産者に対し出荷数量の割当」をしたことから,「自然産業組合の木炭取扱事業は一層強化せらるべき筋合となった」(5)。

注
（1）丸山秀雄「最近の木炭需給情勢と配給統制」(『産業組合』414号，1940) p.19。
（2）「木炭自動車時代」(『昭和二万日の記録』第5巻，講談社，1989) p.91。
（3）蓮池公咲「木炭需給対策の概況」(『産業組合』416号，1940) pp.28-31。
（4）丸山前掲稿，p.22。
（5）同上書，pp.22-5。

4）麦類配給統制規則

　このような中で産業組合中央会は，1940年4月16日，有馬頼寧会頭名で政府に対し以下のような「物資配給機構整備に関する件建議」を行った。
　　「米，木炭等が既に産地に於て闇相場を現出するは一生産地に多数の買付人が無統制に蝟集し集荷購入を競ふ事を以てその最大原因なりとす。故に斯かる自由競争を中止し一元的集荷統制を確立せざる限り公正なる価格による集荷の徹底は到底之を期待する能はず。」(1)。
　一方，1940年度の新麦の出回りも近づいていた。そのため「過般農林当局は商工省，企画院等の関係官庁と折衝を重ね」，1940年6月10日に「産組集荷一元化の画期的方針」に立つ麦類配給統制規則を公布し，6月15日施行とした(2)。この規則は，特約栽培のビール麦など「特別の事情」によるもの以外の小麦，大麦，裸麦は，原則的に農業団体による集荷とし，政府の買上の場合も，「原則として産業組合に集荷し，系統機関を経，政府に納入すること」(3)とするものだった。また，第3条には政府の強制買入規定が盛り込まれ，麦類の国家管理への道が開かれたのである。
　この決定に対し産業組合では，「強力に一元統制を主張して来た産業組合にとって，今回の麦類出荷統制の正否は今後の全運動に重大な影響を及ぼすのみならず，統制経済機構全般の部分に対しても及ぼす処極めて重大」(4)

と受け止め，系統農会へも協力を呼びかけて組織を挙げて出荷統制に取り組んだのであった。

注
（1）「建議」（『産業組合』415号，1940）p.177。
（2）（3）（4）「麦類買上方針決定」（『産業組合』417号，1940）pp.210-12。

5）農林商工両省所管事務調整

　小麦は，もともと農業団体の支配力が強く，産地商人が隠然たる力を持つ米とは違っていた。そのため麦類配給統制規則と併せて，米を含む農林畜産物の集荷・配給をめぐる調整協議が企画院も加わって農林省と商工省との間で続けられた。

　それが1940年7月9日米内光政内閣で閣議決定された「農林商工両省所管事務調整方針要綱」である。これは，「商業組合などの猛運動を排し，九日の閣議前にも米内首相が島田，藤原両相を個別に招致し，それぞれ最後のダメを押して閣議に臨んだ」(1)とあるように，戦時食糧統制における大きなハードルであった。その趣旨は「食糧行政の一元的統合」にあり，基本的には「農林畜水産物の集荷並に配給統制の実施に当つては原則として集荷は生産者団体，配給は商業者をして之を担当せしむる」ものであった(2)。

　ただし，「両者の現在の職域に急激なる変革を与ふることを避くること」と，従来までの関係への配慮も示されていた。ともかく，農業団体と商業者との業務領域を区別する原則がここに確立され，差し当たり米穀，小麦，木炭についての集荷は，「当該道府県の産業組合及同連合会をして一元的に担当せしむる」ことになり，集荷からの商人排除が確定された。また，配給については，道府県内の配給，道府県からの移出は商業組合の業務範囲となり，さらに米については「卸売業者と小売業者との取扱分野を明確にし原則として卸売商業組合より小売商業組合に販売する」こととなった(3)。

　この事務調整が決着したことを受けて，1940年8月20日に公布されたのが

臨時米穀配給規則（9月10日施行）である。これは「試験的にまず実施された小麦の統制の成績も順調であったので、十五年産米の出廻期を前にしてその実現をみたのであった」(4)。これにより、「米穀生産者の生産した米および地主の小作料としてうけた米の集荷は、原則としてその所属する市町村農会の統制にしたがい、産業組合または農業倉庫がこれにあたることとなった」(5)。こうして米の実質的国家管理は、10月の米穀管理規則を残すだけとなったのである。

注
（1）編集部「産業行政機構の調整」（『農業と経済』7巻8号、1940）p.62。
（2）（3）「農林・商工機構調整」（『農業』1940年9月号）p.74。
（4）（5）農林大臣官房総務課『農林行政史』第4巻、農林協会、1959、p.301。

5．食糧管理法の制定

1）米穀管理規則

　1940年9月17日、政府は米穀生産者及び地主の自家保有米を控除した米のすべてを管理米とする方針を閣議決定し、10月24日に「米穀管理規則」を公布して11月1日から実施した(1)。これにより1940年産米から収穫予想に基づいて国家管理の下に置かれる米穀の数量が確定されることになった。その際、自家保有米とは、①年齢別1人当消費量を基礎とした世帯の1年分の数量。②その数量の1％（これはみそ・醤油製造に充てるもの）。③種子用所要量、の3つを加えたものである。1941年4月に示された基準消費量は道府県別に1日当たり2.76合〜3.11合、平均して2.88合で、一般消費者の場合の平均2.13合と比較して約3割増しであり、しかも屑米や古米もこの計算から除外されていた。また、道府県内に居住しない地主には自家保有米が認められず、それら地主が受け取る小作料はすべて管理米となり、地主はその代金だけを受け取る実質的な代金納制に移行したのである(2)。つまり、地主小

167

作関係は，ここで重大な改編を受けたわけである。

　管理米は，市町村農会が会員である生産者，地主に基準に基づいて数量を割り当て，その米の包装または票箋には地方長官が定める証印（㊗）が押されることになった。その後は，政府が指定する農業倉庫（場合によっては農家で）で保管され，政府に売り渡すまでその移動や処分は禁止された。管理米の出荷は，臨時米穀配給統制規則によって，市町村農会が立てた販売先別・時期別の出荷計画に基づいて，原則として販売組合に集荷され（第1次集荷過程），次に第2次集荷過程として，道府県販売組合連合会に集荷された。ただし，市町村内の居住者が自家用消費に当てる米の販売は例外とされ，また，第1次集荷において産業組合以外の者が集荷した場合には，地方卸売業者や移出業者で組織する米穀商統制団体が地方長官に指定を受けて第2次集荷を行った。

　こうして集められた米は，県内消費分については，原則として県販連から米穀商統制団体を通じて消費者に流され，県外移出米については全販連を通じて政府に売却され，日本米穀株式会社が買い付ける外地米，政府自らが輸入する外国米と合せて政府の配給計画に基づいて，全国へ移動されることとなった(3)。このような実務を処理するため，1941年1月より農林省に食糧管理局が置かれ，また，全国の主要都市に食糧事務所が置かれることになったのである(4)。

注
(1) 米穀管理規則は，臨時米穀配給統制規則と同じく1937年の輸出品等臨時措置法に基づく農林省令である。
(2) 櫻井誠『米　その政策と運動（上）』農文協，1989，p.216，野崎保平『食糧管理』東洋書館，1942，pp.87-94。
(3) 片柳前掲書，pp.138-43。
(4) 「農林省並所管衛主管事務要覧」（『農林時報』1巻2号，1941）。

第5章　戦時食糧問題と農産物配給統制

2）割当配給制の開始

　こうして1941米穀年度より米穀の実質的国家管理は開始された。しかし，1941年1月22日に発表された1940年産米の総収穫高は，6,080万石であって前年に比べて約800万石の減収であった。朝鮮も2,150万石で，前年の1,400万石よりは回復したが平年作には及ばなかった。さらに，台湾も台風に襲われて368万石と平年を下回り，1941米穀年度の供給は前年に引き続き厳しい状態が継続することになった。

　この事態を踏まえて東京・大阪・名古屋・京都・神戸・横浜の6大都市で4月1日から開始されたのが米穀配給通帳制である。臨時米穀配給統制規則も，消費者に渡る段階の機構については定めていなかったため，実際の配給は地方によって様々であった。また，食料品では砂糖が1940年6月より切符制が開始されていたが，法的根拠はまだなかった。そのため4月1日には，国家総動員法に基づいて生活必需物資統制令が公布され，切符制に法的根拠が与えられた。

　またこれに先立って政府は，大都市における米穀取扱業者に対して一元的配給機構のための企業合同を勧奨した。「東京では卸売商，小売商を合同せる府下一円の東京府米穀商業組合が誕生し，四月一日から此の新配給機構による通帳制が実施されるに至った」(1)。なお，この際に性格の異なる購買会などの消費組合も新組織に実績に応じて組み込まれた(2)。1941年1月に創立された東京府米穀商業組合は，それまで7,168あった店舗が10カ所の方面事務所と警察署単位の85カ所の支所，755カ所の精米所と1,281カ所の配給所に整理され，東京府人口745万人に対して配給がなされた。大阪，神奈川でも卸小売が合同したが，愛知，兵庫ではこれに産業組合の購買部門も合体し，京都は小売りだけの合同体となった(3)。

　米穀配給通帳には，家庭用米穀通帳の外，米飯外食券，業務用米穀通帳，加工用米穀通帳の4種類があった。この内，家庭用米穀通帳は世帯調査に基づいて市町村長より発行されるもので，表紙には世帯主の住所氏名の外，世

表5-4 米の1人1日当たり割当量

年齢		1人1日当たり割当量		
数え1歳～5歳		120g		
同 6歳～10歳		200g		
同 11歳～60歳		甲種（普通）	乙種（重労働者）	丙種（特別重労働者）
	男	300g	390g	570g
	女	300g	350g	420g
同 61歳以上	男	300g	350g	480g
	女	300g	320g	380g

資料：野崎保平『食糧管理』東洋書館，1942, p.104。
注：数え7歳～20歳の者，妊娠5ヶ月以上の婦人，炭焼，伐採，漁労，魚介類養殖を専業とする者に対しては1日60gの臨時加配。

帯番号，町会名，隣組名，配給所名が記され，裏面以降に世帯人員に応じた世帯1日当たり割当量が記され，配給所からの配達の度に，記入捺印を受けるようになっていた。**表5-4**は，1人1日当たりの割当量である。一方，料理店や食堂，旅館，病院などに対しては業務用米穀通帳が交付された(4)。このような通帳による割当配給は，この年の暮れまでには全国で実施されるようになった。

注
（1）湯河元威「米の割当配給制」（『農林時報』1巻7号，1941）p.6。
（2）同上参照。
（3）片柳前掲書，pp.142-3。
（4）片柳前掲書，pp.191-203。

3）二重価格制の開始

米の全面的国家管理にとってもう一つの問題は，米価の決定方法にあった。物価統制下とはいえ，肥料，資材，労賃など生産費の高騰に対して米価はきわめて割安で，それが増産意欲の低下，他作物への転換，さらには離村傾向をもたらしていた。しかし，米価の引き上げは，諸物価の上昇に直結し，低物価政策を根底から崩壊させるおそれがあった(1)。このため1941年8月12日の物価審議会の場で，「政府の米価対策に関する奨励金交付，二重価格制

の二本建による根本方針は正式に決定され」，8月14日の米穀統制委員会において「生産者に対し石当五円の奨励金を交付すると共に昭和十六年よりの産米の政府買入価格を石当一円引上ぐることとし他方消費者に対する販売価格は現在の程度に据え置かんとす」(2) と定められた。

　米穀統制委員会では，一応これまでと同様に標準最高・最低米価が決定されたが，それは形式にすぎなかった。昭和恐慌下に制定された米穀統制法による公定米価は意味をなさなくなっていた。そのため政府は，9月18日に勅令をもって米穀統制法による公定米価を廃止し (3)，政府買入価格と売渡価格の二重価格制を開始した。米価算定は，併せてかなり単純化が図られ，従来の石当たり価格は，容量なら4斗，重量なら正味60kg入り1俵についての価格に変更された。また，等級間格差は産地銘柄に関係なく一律に決定され，産地銘柄は1県1銘柄の原則により73から54まで整理された。こうして各地の米の買入価格は，従来よりも著しく単純化された (4)。

　生産奨励金については，「本施設ニ依ル収入増加分ニ付テハ農村ニ於ケル購買力抑制ノ趣旨ニ鑑ミ通帳振替制等ノ方法ニ依リ之ヲ貯蓄セシムル」(5) ことが決められていた。このため，奨励金は一般米代金の支払いと同様に産業組合の系統組織を経由するだけではなく，「今回の新しい試みとしてそれを信用部門の貯金口座に振込み，通帳振替払（貯金振替制）によって処理するといふ画期的な新方法が断行された」(6)。これは「米穀生産奨励金交付規則」に基づいて日米開戦後の12月15日から実施されたが，これにより産業組合は販売事業と信用事業が一体化され，経営基盤も生産農家との関係もより強化されたのである。

注
（1）市原前掲書，pp.202-10。
（2）井野碩哉「米価対策に就て」（『農林時報』1巻15号，1941）p.3。
（3）この勅令は，1937年9月に制定された「米穀ノ応急措置ニ関スル法律」が1941年3月の第二次改正によって，勅令により米穀統制法による米価を定めなくてもよいという付則に依拠したものである。櫻井前掲書，p.226。

(4) 野崎保平『食糧管理』pp.109-10。
(5)「米価対策要綱」1941年8月7日，閣議決定，市原前掲書，p.210。
(6) 野崎前掲書，p.289。

4） 食糧管理法の成立

　1941年9月26日には，「緊急食糧対策ノ件」が閣議決定された。それは7月の南部仏印進駐が在米日本資産凍結と対日石油輸出全面禁止という予期せぬ報復を招き，政府があわてて作った緊急対策の一部分である。そこでは，1942米穀年度の米穀需給を「相当程度ノ不均衡ヲ生スル見込」として，①桑，薄荷，煙草，茶などの作付け転換による麦類，馬鈴薯などの増産，②合成酒やアミノ酸醤油の製造，③小麦粉への澱粉混入による消費規正，並びに④外米輸入の確保など(1)，「食糧の範囲を米麦中心から甘藷・馬鈴薯等の代用食に及ぶ外，魚介類・獣禽肉類・大豆等の蛋白及び脂肪給源としての水産物・畜産物等を取入ることによって，主食の外に副食物に迄拡張した」(2) ものであった。

　この年は，輸出入品等臨時措置法に基づく配給統制規則が，より強力な罰則規定を持つ生活必需物資統制令を根拠とした規則へ変更された年だった。まず，小麦を含む麦類は，6月9日に新しい麦類配給統制規則が制定され，米と同程度の重要さを持つ品目として，販売される全量を政府が買い上げる方針が明確にされた。それまでは，農会の斡旋さえあれば農家が販売できた大麦，裸麦，燕麦も，政府以外への販売は認められなくなった(3)。小麦粉も7月11日に新しい小麦粉製造配給統制規則が公布され，政府の指定する業者以外は農家も販売目的の小麦粉や小麦粉加工品の製造が禁じられた(4)。

　8月20日には藷類配給統制規則が公布され，新たに日本甘藷馬鈴薯株式会社が甘藷と馬鈴薯を直接生産者から独占的に買い付けることとなり，9月11日から施行された(5)。10月4日には新しい雑穀配給統制規則が公布され，販売される雑穀のすべてが市町村農会の統制により産業組合，連合会を経て，最終段階では日本大豆統制株式会社や日本輸出農産物株式会社などの統制機

第5章　戦時食糧問題と農産物配給統制

関の買い取りとなった(6)。同様に、食肉についても、食肉配給統制規則が9月20日に公布され、「肉畜集荷機関は、原則として府県の畜産組合連合会」(7)とし、全国レベルの統制機関は、食肉統制株式会社とされた。

また、配給機関については、1940年11月22日に出された生活必需品の配給機構整備に関する商工次官通牒に基づいて、都市部においては包括的食糧品卸売商業組合、小売商業組合の整備計画が進められて次第に形を整えていた(8)。

こうした緊急食糧対策の進展を踏まえ、また12月8日の太平洋戦争開始という新たな事態にあわせて制定されたのが食糧管理法(1942年2月20日公布)である。1月6日に閣議決定された「食糧管理法案要旨」によれば、第1に米麦の全面管理に加えて、必要に応じて主要食糧(小麦粉、乾麺、食用澱粉、甘藷、馬鈴薯等)の買い入れ、売り渡しを政府が行うこと、第2には公共的な食糧公社を設立し食糧の総合配給制度を確立すること、第3に非常時用食糧の貯蔵を行うこと、の3つが柱として謳われている(9)。

食糧管理法は、この3点を骨子として、これまでの臨時応急の措置を整理統合し、また時代遅れの法律を廃止して「平戦両時を通ずる恒久的制度」として制定されることになった。その第1条には、「本法ハ国民食糧ノ確保及国民生活ノ安定ヲ図ル為食糧ヲ管理シ其ノ需給及価格ノ調整並ニ配給ヲ行フコトヲ以テ目的トス」と規定されていた(10)。

注
(1) 前田道雄『戦時下に於ける食糧需給対策』農業技術協会, 1948, pp.18-23。
(2) 野崎前掲書, p.267。
(3) 藤澤眞苗「戦時食糧政策の回顧Ⅳ」(『食糧管理月報』1巻5号, 1949) p.27。
(4) 『農林行政史』第4巻, pp.320-21。
(5) 片柳前掲書, p.119。
(6) 資材部「生活必需物資の配給統制　雑穀」(『農林時報』1巻19号, 1941)。
(7) 食品局「生活必需物資の配給統制　食肉」(『農林時報』1巻17号, 1941) p.8。
(8) 総務局「生活必需品配給機構整備の現況」(『農林時報』1巻22号, 1941)。
(9) 野崎前掲書, pp.274-7。

(10)『農林行政史』第4巻, p.350。なお, 食糧管理法の成立に伴って, 農産物検査法, 米穀統制法, 米穀自治管理法, 米穀配給統制法, 籾共同貯蔵助成法などの8つの法律が廃止となった。

6．食糧国家管理の始動

1) 米穀管理制度実施要綱

　画期的な米穀国家管理の第1年目に当たる1940産米の集荷は, 生産高6,870万石に対して各市町村農会が割り当てた管理米は3,376万石, 実際に集荷された数量が3,533万石で, 一応の順調な成績を納めることができた(1)。この初年度の経験と価格引き上げを考慮して米穀管理制度実施要綱が改正され, 9月12日, 1941年産米の供出を前に食糧管理局通牒として示された。

　重要な変更点は, ①管理米割当の属地主義から属人主義への変更, ②供出への「部落団体の活用」(2), ③管理米割当の収穫予想から実収高調査への変更, ④自家保有米からの出荷勧奨(3), ⑤自家保有米が年間消費量に満たない農家への還元配給, などである(4)。また, このとき保有米を認める地主の範囲も道府県内在住から市町村在住に狭められた。この結果, 不在地主が取得する小作料はほぼすべて代金納化され, しかも生産奨励金による耕作者米価と地主米価との格差によって不在地主への差別的待遇は一段と強められたのである。

注
（1）片柳前掲書, p.96。
（2）（3）（4）食糧管理局「米穀管理制度実施要綱の改正」(『農林時報』1巻18号, 1941) pp.8-9。

2) 食糧営団の創設

　食糧の配給機構は, 1942年9月1日に中央食糧営団が創立された。続いて

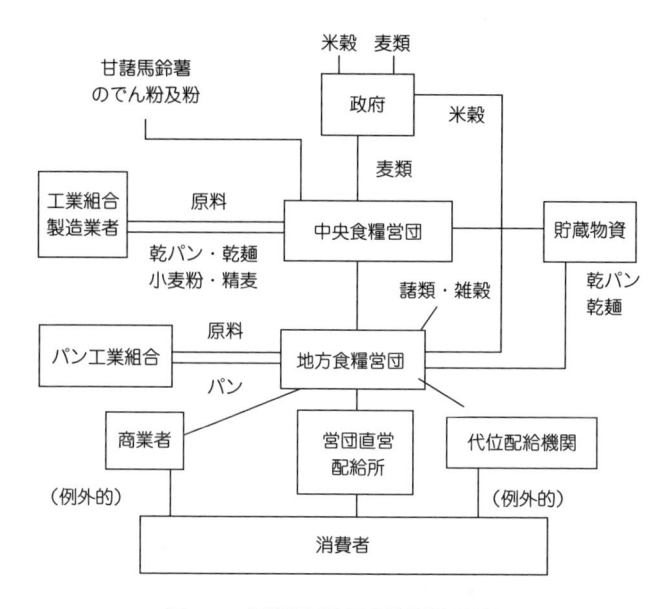

第5章　戦時食糧問題と農産物配給統制

図5-1　食糧営団取扱物資配給系統図
資料：村田豊三「食糧営団の運営について」『農林時報』2-18，1942，p.13。

　10月10日の東京府をはじめとして10月中には6大府県で地方食糧営団が設立され，11月末までには全国の道府県で設立が完成を見た(1)。この内，中央食糧営団は，全国製粉配給会社，日本米穀株式会社，日本製麺工業連合会，全国製粉工業連合会を解散吸収して政府の半額出資で設立されたもので，主な業務は外国米，外地米の買い入れや，麦類の加工（小麦粉，乾麺，乾パンなど），非常用物資の貯蔵であって，米の配給には一切関係しない。その意味で，食糧配給の中心機関といえるのは，図5-1に示したように地方食糧営団であった。

　地方食糧営団は，地方の米麦関係商業組合，小麦粉配給機関，乾麺卸売団体配給機構，パン配給団体，雑穀卸売団体などを統合して設立され，主な業務は政府から米の払い下げを受け配給所を通じて配給することである。加えてパンは小麦粉などを中央食糧営団から購入して委託加工して配給し，甘藷・

馬鈴薯・雑穀などは統制会社から買い付け，それらを含めて食糧の総合配給を行なった。

　この食糧営団の性格については「強度の公共性を有する私法人であって，公益法人と営利法人の中間に位する特殊法人」(2)といわれ，出資者や職員による総会のような議決機関をもたず，理事機関によって運営され，資本と経営の分離が徹底していた(3)。その設立の際に，卸売団体の所属員は独立の商人としての地位を喪失し，営団の従業員となるか，または他の職業に転業を余儀なくされ，ここに実績補償問題が生じた。これに対して営団は，実績に応じて補償するものとして，従業員となれないものへは，原則として一時金として補償金を交付し，中でも生活に窮するものに対しては1人当たり300円が中小商工業者転廃業助成金として交付された。また，従業員となったものへは10年以内の分割交付となった(4)。

　いずれにしても地方食糧営団の設立は，食糧品関係の小商業の大幅な整理合理化を意味していた。転廃業した者の中には，転業移民として満洲へ向かう者も少なくなかったのである。

注
（1）『朝日新聞』1942年9月4日。
（2）遠藤三郎「食糧管理法の概要」(『農林時報』2巻5号，1942) p.7。
（3）『農林行政史』第4巻，p.354。
（4）村田豊三「食糧営団の運営について」(『農林時報』2巻18号，1942) p.14。

3）国営検査の開始

　食糧管理法の成立と施行（7月1日）に伴って，1942年産米の供出から国営検査が開始された。第1部で見たように，米の検査は，明治末から道府県営として全国に普及していたが，産地間競争のため全国的な統一性を欠くことから，国営検査の実施は長年の懸案であった。1940年には，待望の農産物検査法が成立したが，にわかに生じた米パニックのために，その施行は見送

られていた。1942年12月25日から開始された国営検査は，食糧管理法が政府に売り渡す米麦の検査を義務づけた（第8条）からであり，農産物検査法は廃止となり，食糧管理法の勅令として「米麦検査令」が12月24日に交付され実施となった。

ただし，同じ国営検査でも，それは農産物検査法とは性格が根本的に異なっていた。すなわち，①市場流通を前提とした第三者的検査ではなく，実質収納検査であること，②検査費用は食糧管理特別会計から負担されること，③検査手数料を徴収しないこと，の3点である(1)。しかし，実際は直前の12月18日の閣議で決定されるまでは手数料は徴収の方針だった(2)。これは食糧管理法が米から商品としての性格を完全に剥奪するものであることについて，行政当局もまだ十分認識できないでいたことを示していた。

この実施のためには，各道府県に設置された食糧検査所に所長ほかの農林省の職員が配置された。ただし，「此の食糧検査所の所長以下の職員は原則として現に農産物検査所に勤務している職員が之に振替」られ，「今回検査国営に伴い国費支弁の国の職員」となったのである(3)。

注
（1）前掲『農林行政史』第4巻，p.359。
（2）（3）湯河元威「米麦の国営検査施行に就て」（『農林時報』3巻1号，1943）pp.5-6。

4）食糧需給の推移

表5-5は，1941米穀年度以降の米穀需給の推移である。これを見ると1942米穀年度（1941.11〜1942.10）からは，1941年産の国内産が天候不順のため大凶作で「緊急食糧対策」が危機感をもって提起された理由が明瞭である。しかし，実際には，朝鮮・台湾からの移入が増加したこと，また太平洋戦争における初戦の勝利で南方諸地域から前年度並の輸入が得られたことで供給が確保され，結果的には農家自家用においても民需用においても前年度を上

第2部　食糧管理制度の成立とその機能

表5-5　米穀需給実績（米穀年度：前年11月～10月）

単位：千石

米穀年度				1941年度	1942年度	1943年度	1944年度	1945年度
供給高	国内確保		持ち越し高	4,357	7,070	2,352	2,612	2,305
		米穀	生産高 前年産	60,280	54,494	65,468	60,352	56,200
			生産高 当年産	594	1,308	2,535	2,500	2,800
			小計	60,874	55,802	68,003	62,853	59,000
			小計	65,231	62,872	70,355	65,484	61,305
		代替食	麦類		2,360	3,795	5,501	7,450
			藷類及雑穀			402	2,435	3,200
			小計		2,360	4,197	7,936	10,650
		防空備蓄放出						1,470
		合計		65,231	65,232	74,552	73,400	73,425
	移輸入	米穀	朝鮮	3,306	5,235	-	3,500	1,421
			台湾	1,970	1,702	1,811	1,300	151
			南方諸地域	9,827	8,744	5,277	-	-
			小計	15,103	15,681	7,088	4,800	1,572
		雑穀	満洲			256	3,070	4,661
		小計		15,103	15,681	7,344	7,870	6,233
	合計			80,334	80,913	81,896	81,270	79,658
需要高	消費高	農家自家用		24,346	25,398	26,488	24,150	22,750
		配給高	民需用	46,840	51,079	49,777	50,350	49,050
			軍需用	1,076	1,384	2,246	3,015	4,958
			小計	47,916	52,462	52,023	54,365	54,249
		小計		72,262	77,861	78,511	78,515	76,758
	移輸出高			1,002	700	773	450	400
	合計			73,264	78,561	79,284	78,965	77,158
翌年度への持ち越し				7,170	2,352	2,612	2,305	2,500

資料：前田道雄『戦時下に於ける食糧需給対策』農業技術協会，1948，pp.7-8。

回る配給が可能となった。食糧管理法も7月1日に施行となり，麦類の国家管理も開始されて，代用食として供給を補充した。さらに，1942年10月10日までに供出された米には石当たり60銭，10月末までの分については40銭の早場米奨励金の公布が発表され，1942年度産米の先食いも増加した[1]。

このように1942米穀年度は，当初の悲観的予想とは裏腹に「戦果ガ大イニ挙ツタ為国民ノ気分モ若干緊張ヲ欠イタ為カ……予期シテ居夕所ノ増産トカ消費規正ト云ウモノガ予定通リ行カナカッタ」（湯河食糧管理局長官ノ講話）[2]。食糧の国家管理は，太平洋戦争における初戦の勝利に助けられて，ともかくはスタートできたのである。

注
（1）「早期供出米に奨励金」（『朝日新聞』1942年9月4日）。
（2）前田前掲書，p.52。

7．青果物配給統制の進展

1）最高販売価格の公定

　その一方で，大都市において品不足と行列が問題となったのが青果物である。青果物は腐敗性から日々の価格変動も大きく，卸売市場流通という独自の流通機構を昭和初期に確立していた。このため，1939年9月に発令されたいわゆる9.18ストップ令（価格統制令）も，青果物は鮮魚介類や食肉と共に対象外とされていた。

　しかし，1939年暮れから1940年にかけて価格統制にない青果物価格が騰貴したことから，企画院が中心となって作成し，1940年3月8日に閣議決定されたのが「生鮮食料品ノ配給及価格ノ統制ニ関スル応急対策要綱」である。これは従来から青果物の販売斡旋を担当してきた農会に統制法人としての権限を与え，「農会ニ於テ出荷先，出荷時期及数量等ノ計画的指示」をさせるものであった(1)。1940年7月10日に公布された青果物配給統制規則は，これを輸出入品等臨時措置法に基づき規則にしたものである。しかし，農会の出荷統制に強制権はなく，基本的に出荷に計画性を持たせるものであった。

　一方，大都市における青果物流通の要である中央卸売市場に対しても，それを管轄する商工省が8月16日に通称「8.16統制要綱」（「生鮮食料品ノ配給及価格ノ統制に関スル件」）を出して統制を開始した。それは，取引原則をセリ売りから定価売り又は入札売りに変更し，併せて卸売会社の販売手数料や仲買人の口銭を引き下げ，仲買人を専門化して整理縮小し，買出人も資格指定によって人数を制限するものだった(2)。

　このように出荷体制，荷受体制を整えた上で，商工・農林両省名で8月21日に告示されたのが蔬菜24品目，果実16品目に対する最高販売価格であった。

しかし，この公定価格の設定が結果的にはかえって配給の混乱を招く原因となった。というのも，この価格は全国一律の小売一本建てで，生産地から消費地までの運賃や諸経費，さらには季節的な需給関係，同一品目の等級差などが示されていなかった。そのため生産者は諸経費がかかる大都市中央卸売市場への出荷を嫌い，地方消費地に出荷するようになり，結果として大都市への入荷が減少したのだった(3)。当然，価格も「最高販売価格設定後尚且つ其の前年度に比して通観的に五割乃至六割程度の騰貴を示し」(4)た。このために農林省は価格管理を強めるために，1941年7月7日，卸売・小売の二本建てへの変更や季節差を設けるなどの最高販売価格を改訂し，品目もさらに蔬菜26，果実33を追加して99品目としたのだった(5)。

注
（1）神田市場史刊行会『神田市場史』神田市場協会，1970，pp.256-9。
（2）同上書，pp.266-70。
（3）大阪市中央卸売市場本場開設50周年記念事業委員会『本場50年の歩み』1982，pp.40-1。
（4）（5）高塩朝治「蔬菜及果実類最高販売価格に就て」（『農林時報』1巻14号，1941）。

2）青果物配給統制規則の制定と市場機構改革

これより先，農林商工両省所管事務調整によって，青果物行政は全般が農林省の管轄となり，担当課として1941年1月20日に農林省に食品局が設置された(1)。この食品局によって8月8日に制定されたのが，新しい青果物配給統制規則であった。これは，①指定出荷団体による一元的な出荷，②指定荷受機関による一元的荷受け（指定荷受機関以外の産地自由買い付けの禁止），③統制品目の45品目への増加，などを内容としていた。また，生活必需物資統制令を根拠としていたことから，「本規則違反に対しては直接国家総動員法の罰則が適用される」(2)ことになった。この規則を受けて東京では，青果物を一元的に荷受けする東京青果物荷受組合が東京中央青果や東京青果な

図5-2 青果物の配給機構

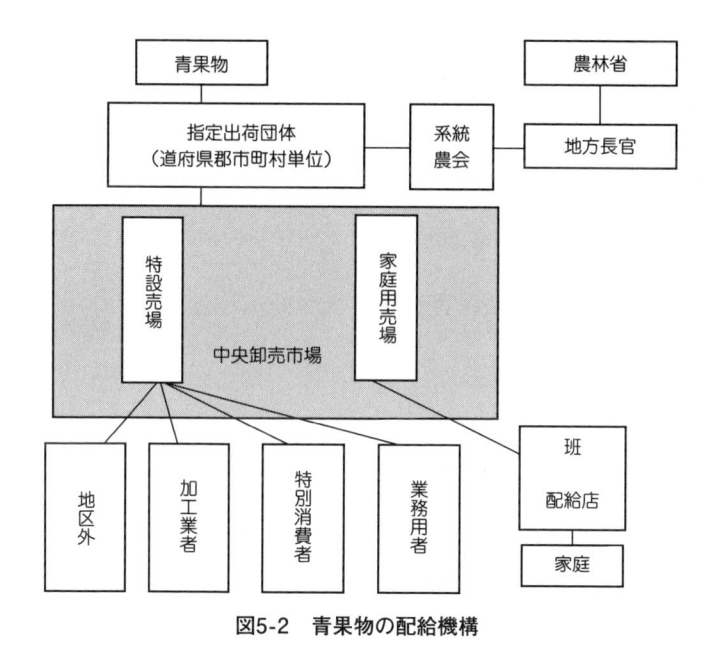

資料：宮出秀雄「軍需工業都市の食糧問題と対策」（『社会政策時報』277, 1943) p.32。

ど7社と2組合によって設立され、10月1日から業務を開始した(3)。

　中央卸売市場に対しても、9月15日に井野農林大臣が五大都市の中央卸売市場関係者を招集して、機構改革要綱を提示し協力を求めた。この機構改革の柱は、卸売業務と仲買業務を統合して仲買人を廃止することであり、仲買人は卸売会社か小売商業組合へ移るか、または転廃業を迫られた。東京の場合、840人の仲買人の42％に当たる351人が転廃業することとなった(4)。

　この機構改革にあわせて、10月16日に農林省は「大消費都市における魚類、青果物配給要綱」を決定した。それは、「中央卸売市場の機構を簡単化し、更に買出人を、家庭向けの者と業務用向けの者に大別し前者には商業組合を組織せしめ、一括分荷し、後者に対しては市場内の特設市場に於て直接配給割当を実施すること」(5)であった。10月23日以降に開始された配給機構を図に示せば、**図5-2**のようになっている。

注
（1）辻謹吾「食品局の機構」（『農林時報』1巻3号，1941）参照。
（2）小山雄二「生活必需物資の配給統制　青果物」（『農林時報』1巻15号，1941）p.5。
（3）前掲『神田市場史』p.323。
（4）前掲『神田市場史』p.347。同様に，京都においても，629人の仲買人店主・店員の内の351人（56％）が転廃業した。『京都市中央卸売市場三十年史』京都市，1957，p.529。
（5）食品局「大都市に於ける生鮮食料品の配給機構に就て」（『農林時報』2巻1号，1942）p.20。

3）登録配給制と蔬菜供給圏構想

　この対策にもかかわらず，1942年に入ると大都市への野菜の入荷は著しく減少した。東京を例にとると1942年1月は前年同月比で蔬菜が21％減，果樹が56％減，同様に2月は47％減と70％減，3月は38％減と56％減となった(1)。果実の減少はともかくも，野菜入荷の減少は市民に不安を抱かせた。また，小売業者の中には経営危機から家庭用を業務用方面へ横流す闇取引が横行し，一般家庭への供給はますます円滑さを欠いた(2)。このため，野菜の行列買いが一般化するようになっただけでなく，近隣の諸県へ出かけ直接農家から買い付けるいわゆる「買出部隊」が急激に増加した。これは，青果物配給統制が1日5貫以内の産地買い付けを認めていたからでもあった。1942年10月初めの千葉県における調査によれば，1日約5千人，日曜祭日には1万5千～2万人が押し掛け，「これがため日曜祭日等に東京市場の集荷量が激減するとさへ云はれ」(3)た。9月には，悪質な買い出しに対して国家総動員法が適用され，初の罰金刑50円～100円が求刑され，以後，厳罰主義で望むことが表明された(4)。

　この対策として10月30日の閣議で決定され，11月16日から東京で実施されたのが家庭用蔬菜の登録配給制である。これは，隣組単位で消費人員を店舗に登録し，それを集計して入荷した蔬菜を登録人口の比率で分荷し，隣組の

輪番により迅速に配給を行うシステムである。実施日の段階では，登録店舗は6,180軒，登録隣組は114,287で人員は6,830,751人であった(5)。ただし，この登録制も「行列買いの解消にはある程度の役割を演じたが，現物の絶対的不足はいかんともしがたく，市民の不満解消にはとても及ばなかった」(6)。

一方，供給を増やす方策として1942年暮れから検討され，1943年1月16日に示されたのが「蔬菜供給確保に関する措置要綱」である。これは大都市が近郊産地と特約を結んで屎尿や資材，労力などを提供し，価格も保証して供給を確保しようとするもので，それに国が70万円の補助を行うものである。これを受け東京市でも，「糞尿及び野菜の運搬費，集荷場設置等に要する費用に二百余万円を十八年度予算に計上」(7)した。これが1944年に登場する蔬菜供給圏設定の第1歩であった。

注
（1）「東京市に於ける生鮮食料品の供給状況」(『商工経済』13巻6号，1942)。
（2）前掲『神田市場史』p.380。
（3）瀧澤七郎「行商，買出部隊をめぐる諸問題」(『商工経済』15巻5号，1943) p.37。
（4）「野菜の直接取引 初槍玉に罰金刑」(『国民新聞』1942年9月29日)。
（5）「野菜登録制晴れの門出」(『東京日々新聞』1942年11月17日)。
（6）前掲『神田市場史』p.389。
（7）「先ず蔬菜の供給圏」(『毎日新聞』1943年2月13日)。

8．食糧供出体制の強化

1）米穀供出確保運動

1942年6月のミッドウェー海戦での戦局転換と期を合わせるように，それまで小康を得た感のあった食糧事情も急変した。1942年7月になって，朝鮮は干害と水害による大凶作から食糧事情が急速に悪化し，内地向け移出を停止した。結局，朝鮮における1942年産米は1,500万石で前年に比し800万石の

第2部　食糧管理制度の成立とその機能

表5-6　米の供出の推移

単位：千石，％

	生産量(A)	割当量(B)	供出量(C)	農家保有量(A－B)	供出率(C／A)	進捗率(C／B)
1941年産米	54,967	28,903	28,867	25,800	54.4	96.5
1942年産米	66,663	41,017	39,970	26,693	61.5	97.4
1943年産米	62,816	39,059	39,682	23,134	62.5	101.7
1944年産米	58,559	37,250	37,294	21,265	63.5	100.1
1945年産米	39,149	25,240	19,561	19,588	64.5	77.5

資料：食糧庁『食糧管理史　総論Ⅱ』中央公論社，1969．p.99。

減となり，麦類，雑穀の作柄も不良で内地への移入は全く期待できなくなった。また，タイも水害を受け，ビルマは戦渦にあり，船腹の関係を含めて南方からの米輸入も一段と厳しさを増したのであった。

内地の1942年産米が豊作となったのが唯一の救いであったが，それでも1943米穀年度の食糧需給は1千万石程度の不足が見込まれた(1)。このために，先送りされていた消費規正の徹底とあわせて1943年2月から猛烈に展開されたのが，米穀供出確保運動であった。

これは，自家保有米からの節約供出分百万石を含む割当量4,100万石を4月末に供出完遂することをスローガンに，中央・地方を挙げて督励を展開したもので，大政翼賛会がこれに協力することが実施要綱にも謳われていた(2)。そのため，この運動に動員された人員は多数に登り，「中央機関の動員は勿論のことであるが，特に地方庁に於ては知事を始めその行政機関の大部隊が督励に動員された」(3)といわれている。にもかかわらず，表5-6のように，割当は達成されず，進捗率は97.4％，約百万石の未達成に終わった。

大政翼賛会が行った全国的な調査によれば(4)，その基本的な理由は割当に対する不公平感であった。また実務的には割当時期が遅いという問題があった。多くの県で割当が2月，遅い県は3月になっていた。そのため，割当の前に保有米をかなり食い込んでおり，とりわけ前年が冷害であった東北地方は保有米に余裕がなく，割当前の食い込みが多かった。また，都市近郊県では割当前の横流しが多く見られた。それでも「米無しデー」など保有米の2～3割に及ぶ節米がなされており，とりわけ「県当局始メ町村部落ノ指導

第5章　戦時食糧問題と農産物配給統制

者ガ非常ニ涙グマシク努力ヲシテ居ル」(5)状況は全国同じであった。

注
（１）前田前掲書，p.54。
（２）同上書，p.66。
（３）同上書，p.65。
（４）翼賛政治会『米穀供出並ニ増産事情調査報告会記録』1943。
（５）同上書，p.18。

2）米麦買入価格の引き上げ

　さらに飯米までも供出させられる農業は，労働者などと比べて割が合わないという「厭農思想」も報告されていた。中には，「現行管理制度ハモウ行詰ツタノデハナイカ」(1)というものまであった。こうした農村の空気も背景として，4月16日の閣議で「昭和十八年産米価対策要綱」が決定され，1941年産米から据え置かれた買入価格が**表5-7**のように，62円50銭まで引き上げられた。この内，3円は標準買上価格の引き上げで，10円50銭は補給金として従来の5円の生産奨励金と合わせて小作米を出した小作人にも支払われるものだった。地主の供出米は3円引き上げの47円にすぎないのに対して，耕作者の供出米は13円50銭の引き上げ，小作農の小作米には10円50銭の引き上げとなったわけである。一方，売渡価格は物価を考慮して3円引き上げの46円に抑えられ，結果として政府は6億5千万円の逆ザヤ補填の財政負担をすることになったのである(2)。

表5-7　米価の推移（1939年～1945年）

単位：円

	1939年10月まで	1939年11月以降	1941年産米	1943年産米	1945年産米
生産者からの買入価格	38.00	43.00	49.00	62.50	92.50
地主からの買入価格	38.00	43.00	44.00	47.00	55.00
奨励金または補給金			5.00	15.50	
売　渡　価　格	38.00	43.00	43.00	46.00	46.00

資料：農林大臣官房総務課『農林行政史』第4巻，農林協会，1959，p.371。

このように，1943年産米価の決定は，農家の増産・供出意欲を強く配慮したものであった。ちなみに，この1943年米価が食糧管理法の規則を適用した最初の米価決定であった。その際，基礎となった生産費は5つの方式で算定されていたが，新たに導入された75％バルクライン方式が従来の方式よりも高い生産費を導き出すのに貢献していた(3)。

　表5-7の通り，1945年産米に対する買入価格も大幅に引き上げられ，本土決戦に向けて価格インセンティブが最大級に動員されていた。また，地主への差別的待遇と地代の実質的な引き下げはさらに強められた(4)。また，麦価格も，米不足を補うために対米比率をむしろ高める水準まで大幅に引き上げられたのであった(5)。

注
（1）翼賛政治会前掲書，p.7。
（2）井野碩哉「米価の決定に際して」（『農林時報』3巻9号，1943）。
（3）櫻井前掲書，pp.248-50，及び市原前掲書，p.326を参照。
（4）対地主に対する価格政策の機能については，第4章を参照。
（5）市原前掲書，pp.389-92。

3）部落責任供出制度

　米価引き上げに続いて，1943年5月21日には200万石を目標に外米の繰上及び追加輸入が閣議決定された。また，5月に麦類についても米と同様に実収高に基づく割当が通達された。そこで重要なのは，留意点として「割当ハ市町村毎ニ部落ヲ単位トシテ行ウ」(1)という新しい供出方式が実施されていたことである。

　配給面では，7月29日に「米穀代替食糧ノ総合配給ニ関スル件」によって端境期を前に代替食糧の割当増加が通達された(2)。政府が1人2合3勺の基準配給量を堅持するといっても，その中身は代用食が多くを占めるようになってきた。8月31日には，「昭和十八年産早期買入要綱」が交付され，前年に続いて1943年産米の早期供出が指示された。

このように戦局と同様に食糧需給が逼迫の度合いを強めた中で,政府は9月7日に「米穀供出方法改訂要綱」を閣議決定した。この改訂では,①割当を早める,②割当が不公平とならないように実収高の決定を全刈による,③割当の単位を個々の農家ではなく部落とする,④部落に特別管理米を保管させる,⑤表彰制度を設ける,などを内容としていた。

重要な点は,割当を部落単位とした部落責任供出制度である。そのポイントは,不公平が指摘された供出量の割当を「実質的均衡ヲ得シムルヲ目途トシテ部落ノ協議ニ依リ之ヲ決定セシムル」点にあった。また,「部落ノ供出ハ隣保相助ノ誼ヲ以テ之ニ当ラシムル」とされ,「供出ヲ阻碍スル横流シ等ノ行為ニ対シテハ部落内農家ノ自制自粛ニ依リ其ノ発生ノ防除ニ努メシメ」とあった(3)。

「これは五人組等による封建貢租の収取方法に類似したやり方」(4)とも言えるが,ともかく各戸への割当を部落にゆだねたこと,さらに供出を部落で相互監視させたことは,見事に成功したのだった。表5-6のように1943年産米の生産高は前年を4百万石も下回っていたにもかかわらず,供出量は前年並みを達成し,101.7％の進捗率となったのである。

注
(1)前田前掲書,p.68。
(2)同上書,p.70。
(3)食糧管理局「米穀供出方法改訂要綱に付いて」(『農林時報』3巻19号,1943)。
(4)食糧庁『食糧管理史 総論Ⅱ』中央公論社,1969,p.100。

4）事前割当と特別報奨制度

1943年10月29日に閣議決定された「昭和十九年麦価対策要綱」は,「大東亜戦争現下ノ情勢上昭和十九米穀年度ニ於テハ外米依存ヨリ脱却シ国民主要食糧ハ自給自足セザルベカラズ」(1)としていた。米麦に続いて藷類についても1943年8月に配給統制規則が改正され,出荷責任量の割当がなされると

ともに，食糧政策は一段と米麦，諸類の増産と割当供出に集中されることになった。

1944年4月28日には「米麦ノ増産及供出奨励ニ関スル特別措置」が出され，「農家として植付の時から既に供出の予定を持って，供出の覚悟を決めて，其の作付の計画が出来る」(2)ように供出数量は事前割当となった。また，供出が一定数量を超過したときに部落に対して奨励金を交付する報奨的措置も指示された。具体的には割当量の90％〜100％の部落には石当たり40円（地主の供出部分は15円），100％以上の部落には100円（同75円）であった。

この報奨金の狙いは，増産意欲の刺激よりもむしろ「多額の報奨金を以て自家用米の節約，供出をして戴くこと」(3)にあった。すなわち，「管理制度施行後，所謂一種の悪平等として農家の米の消費が増えて来たことは争へない事実で」あった。そこで「地方に従来からあった所謂郷土食を復活して貰ひ，さうして少しでも多く米の供出をして戴きたい」(4)とされた。1943年より農村での米の消費を減らす対策として郷土食の復活奨励運動が展開されていた(5)。この報奨制度は，麦にも同様に適用されたが，ともかくこれらの措置により，1944年産米の供出も100％が達成されたのであった。

注
（1）「昭和十九年産麦類価格対策要綱」（1943年10月29日閣議決定）市原前掲書，p.393。
（2）（3）（4）湯河元威「決戦下の食糧政策」（『村と農政』1944年6月号）。
（5）中央食糧協力会『郷土食慣行調査報告書』1944は，この運動の一貫として行われた全国的調査の結果である。

9．戦争末期の食糧事情

1）日満食糧自給体制

1944年5月25日から3日間，第1回の日満食糧協議会が開催され，内地，朝鮮，台湾，満洲における食糧の有機的連携が協議された。逼迫する食糧情

第5章　戦時食糧問題と農産物配給統制

勢にあって,「満洲国ニ於テハ昨年度希有ノ大豊作ニ恵マレ,其ノ膨大ナル蒐荷目標ハ既ニ一月末ニ於テ之ヲ突破」(1)していたことが数少ない好条件であった。このため前年来,農林省から陸軍に依頼して満洲の雑穀を朝鮮に移送し,朝鮮米の日本への移入を増やす措置もとられていた。さらに,国内配給の不足分に対する補填としても満洲雑穀に期待せざるを得ず,この協議会においても,湯河食糧庁長官より「満洲雑穀四三〇千噸ハ輸送ノ困難,麻袋等ノ問題アルモ,既ニ日満一体の実ヲ挙ゲツツアリテ之ガ確保ヲ期待シ居ル次第ナリ」(2)と述べられていた。

この満洲雑穀は,国内の1944年産米が不作となった1945米穀年度には一段と重要となった。本土決戦が覚悟された1945年第1四半期の物資動員計画においても,「食糧不足補填ノ為満洲糧穀類並ニ大陸塩ノ取得ニ対シ最優先配給スル」(3)ことが決められた。ところが,もはや汽船輸送力が壊滅的なため,政府は食糧と鉄鋼・石炭のどちらを優先するかという深刻な選択を迫られることになったのであった。

注
(1)「陸海軍への要望事項」(1944年2月18日),前田前掲書,p.82。
(2)同上書,p.91。
(3)同上書,p.149。

2）総合配給と買出し,闇流通

　食糧の配給は,1941年4月に六大都市で2合3勺の配給基準が決められ,1943年からはその他の地域も同じ基準で配給されていた。また,1942年から主要産業労働者に対する臨時増配,妊婦,青少年等に対する重点特配,1944年4月からは学童給食などの措置が追加された。政府は,代用食を含めてもこの2合3勺を食糧管理の最後の一線として戦争への協力を訴えていた。しかし,1943年11〜12月に東京都で行われた調査でも,家族の多い家庭では配給だけでは絶対量が不足し,「買出しはある程度止むを得ない」(1)と回答さ

189

れていた。

　週末などに近郊農村への食糧の買い出しに出かける都市住民は次第に増加し，千葉県で1943年10月23日に行われた一斉取り締まりによる違反人員は，1日だけで2,684人に登り，検挙物資は米2,157升，甘藷3,530貫，蔬菜2,590貫など多量であった(2)。1943年7月31日の青果物配給統制規則改正で，産地買付の許容限度は引き下げられ「買出部隊」への規制は厳しくなり，10月10日には食糧管理法施行令が改正され，売る側だけでなく，買う側も処罰されるようになったのもかかわらずであった(3)。

　ブローカーとして農村から闇で買い付け都市で売りさばく者も増え，闇物資の流通が公然と行われた。戦後の混乱期ほどではないにしても，配給機構の鬼子としての闇流通も生じた。中央物価統制協力会議による調査によれば，米と甘藷を例に闇価格を公定価格と比較すると，1944年1～3月が9.5倍と5.7倍，4～6月が17.8倍と8.6倍，7月～9月が18.7倍と17倍，10～12月が23.5倍と20倍というように格差は広がっていった。

　1945年2月時点では，公式にも「二合三勺を維持し難き事態に立至る可能性」にも言及され，防空用備蓄米147万石の放出も決定された。1945年3月30日には，幽霊人口・職種詐称の整理，配給の簡素化を目的とした配給量の改訂と配給通帳の切り替えがなされた(4)。それでも，この時点でもなお，2合3勺の維持だけは一応堅持されていたのだった。

注
（1）中央物価統制協力会議『東京都内に於ける食糧事情調査報告』1944，p.58。
（2）「埼玉，栃木，山梨県下に於ける所謂買出部隊取締状況」（『資料日本現代史13』大月書店，1985）p.125。
（3）「買出し部隊も処分」（『読売新聞』1943年10月6日）。
（4）前田前掲書，p.149。

3）青果物対策の進展

　一方，蔬菜供給の悪化に対する政府の対策は，公定価格の弾力化と蔬菜供

給圏の設定の2つであった。1943年8月26日から実施された公定価格の改定では、必需品を増やすため必需品と不急品が区別され、リンゴ、ミカンなどの不急品の価格が引き下げられた。また、品種別、地域別、季節別の価格を設定することによって供給をより円滑にすることが目指された(1)。こうした公定価格の弾力化は、1944年8月19日には、「生鮮食料品価格特別措置要綱」の閣議決定によって、「東京、大阪両統制機構に対しては公定価格の適用を排除」(2)というところまで進められる。米麦と違って割当供出という方式がとり得ない青果物では、供給増加のために価格メカニズムを認めざると得なかったといえる。それに伴い「消費者価格の安定に付いては価格調整資金を設くる」(3)こととなった。

1944年9月12日には「蔬菜供給圏設定要綱」が通達され、近郊産地を指定して都市との連携・協力の下に、指定産地に対して需要量の5割を確保するための施策が重点的、集中的に行うことが決められた(4)。これは、戦後の野菜の指定産地制度の原型と言えるものであった。しかし、戦局は一段と苛烈化し、11月24日からは米軍による東京への空襲が始まり、計画も画餅と帰したのであった。

注
（1）総務局「青果物最高販売価格改定要旨」（『農林時報』3巻17号，1943）。
（2）（3）（4）山根東明「青果物の配給統制に就て」（『食糧経済』10巻1号，1945）。

10. おわりに

1945年に入ると空襲は全国の主要都市に及び、東京も3月と5月の大空襲で大半が灰燼に帰した。海上輸送能力も壊滅し、外地・満洲からの食糧補給も絶望的となり、ついに政府も7月3日に閣議で2合3勺の配給基準を1割削減する決定を下し、7月11日（東京ほか主府要県は8月11日）から実施す

第2部　食糧管理制度の成立とその機能

ることを通達した。また，終戦宣告間際の8月10日の閣議では「消費者ノ身辺自耕，戦災地菜園化ヲ強力ニ推進ス」などを内容とする「蔬菜ノ供給改善ニ関スル件」が決定された。すでに，敗戦直前には「都内戦災地の4割までが農園化したといわれる状態であった」[1]のである。

　しかし，蔬菜の供給不足には甚だしいものがあったが，主要食糧については敗戦直前まで戦後のような遅配・欠配にいたらなかったことも事実として確認しておく必要がある。その意味で，統制下とはいえ米価の引き上げや青果物の価格弾力化など価格インセンティブが増産と供出に重要な役割を果たしていた点は見逃せない。そのために二重価格制が不可避となり，財政支出を拡大してインフレが構造化していた。

　また，酪農業調整法や野菜の指定産地制度，さらに農林商工所管事務調整など，国家的にみて合理的な方向に利害関係を調整し，戦後につながっていく制度が作られた点も見落とせない点である。この観点からすると，食糧管理制度においては，近代化，合理化に反するような部落機能の活用が食糧供出機構を支えていたことに注目せざるを得ない。現実には，国家統制の本来的な画一性，形式性によって不可避的にもたらされる不平等を，部落が末端で調整し，供出割当を実質的に「平等化」する役割を果たしたことで，食糧管理法は「危機管理」機構として機能することができたのである[2]。

　しかし，食糧統制機構について忘れてならないことは，敗戦で都市の食糧問題はむしろ深刻となり，統制は再編されつつ継続しなければならなかったことである。次章で見るように，復興による統制撤廃の議論が繰り返される中で，生産者と消費者双方の意向，そして何よりもアメリカの意向により，食糧管理制度は継続し，半世紀近く生き抜くのである。

注
（1）前掲『農林行政史』第4巻，p.407。
（2）この点，玉真之介『グローバリゼーションと日本農業の基層構造』（筑波書房，2006）第6章「日本のムラ」を参照。

第6章　戦後農協体制と食糧管理制度

1．課題の設定

　前章まで，戦争という国家にとっての危機が米穀市場の制度化と農家の組織化を推し進め，食糧管理制度（以下，食管制度と略）に帰結する過程を考察してきた。それは，農産物市場制度が特定の階級の経済的利害ではなく，その時々の体制的な「危機管理」機構の一部として整備が進められ，また運用された歴史的性格を検出するものであった。

　この章が分析の対象とするのは，戦後の食管制度である。言うまでもなく食管制度は，敗戦によって日本の戦時統制が崩壊した後も，1995年11月に食糧法に取って代わられるまで市場制度として生き続けた。ここに，戦後の経済復興と共に戦時の様々な統制が撤廃されていく中にあっても，なぜ食管制度は農産物市場制度として生き続けたのか，という問いが生じてくる。

　その点について佐伯尚美氏は，食管制度が統制原理の中に市場原理を徐々にシステムに取り込んでいった市場制度としての柔軟性を1つの解答として提示していた(1)。しかし，この"市場原理の取り込み"は，主に1960年代以降のことであって，なぜ1950年代の戦後復興期に米が統制撤廃の対象から外されたかに対する解答としては必ずしも十分とは言えない。

　その意味で，この問いに積極的に答えようとしたのが，樋渡展洋『戦後日本の市場と政治』（東京大学出版会，1991）である。すなわち，樋渡氏は，他の先進国と比較したときの日本の特色を「組織された市場」に求め，それこそが経済的パフォーマンスと保守優位支配を両立させたカギであるとした。中でも戦後の自営農民と政府・保守党との強固な関係こそ保守党が多数党と

して君臨した根拠であるとして，その関係の形成をドッジ・ライン後の1950年代前半における米の統制維持と農協による農民利益の超党派的組織化という過程の中に求めたのである。

つまり，戦後の左翼による農民組織化が挫折し，大多数の農家の経済的利益が農協に組織化された1950年代という時点において，一方では自由党が年来の米の統制撤廃という自由市場化を放棄し，「組織された市場」を維持する道を選択したところに，自由党の「保守」政党への脱皮と，米価決定と農協を介した農民掌握の構造が固まったとする。また，1950年代後半以降の構造改善政策や近代化政策が農協の超党派的動員の前に貫徹し得なかったことが，裏返せば農民の党派的動員を抑制し，そこに政権党の野党に対する優位は強化された，とするのである。

このような樋渡氏の論理は，加藤一郎・阪本楠彦『日本農政の展開過程』（東京大学出版会，1967）に代表されるように，もっぱら農業政策の中に独占資本による農民支配の意図を検出することに焦点が当てられた戦後の研究とは異なっているといえよう。つまり，農家が保守党の支持基盤となる実利的根拠を，その媒介機構としての農協体制と食管制度という「市場組織」から解きあかしたところに，その特徴と強い説得力を持っているといえる。その意味で，先の問いに対する有力な解答と言うことができるだろう。

しかし，樋渡氏の論理は明快であるだけに，また米価による農協・農家の掌握という通俗的にも理解しやすいものであるだけに，農協体制と食管制度の位置づけは単純すぎるように思われる。一例を挙げれば，氏は1950年から55年までの米の統制廃止をめぐる議論を整理して，「食管制度維持と米価決定が政権党の農民掌握の手段となった」（p.171）と結論づけているが，米の統制撤廃をめぐる論議はこの時点で終わるのではなく，1955年以降も米の需給緩和を背景にむしろ本格化するのである。したがって，氏による米の統制撤廃問題の扱い方は，自らの説に都合の良い時期だけ取り上げたと言えなくもないのである。

こうして，改めて問題となるのが時期区分である。氏の理解では農民と保

第6章　戦後農協体制と食糧管理制度

守党との強固な関係が50年代前半に出来上がって，以後一貫していることになる。しかし，前掲の『日本農政の展開過程』がそうであるように，通説的には農業補助金を支柱に食糧増産が進められ，米価が上昇した1951年〜54年までがむしろ例外的な「保護農政」期であって，1955年以降こそ本来の総資本の要請に対応する「安上がり」農政，「合理化」農政の開始と理解されているのである。

事実，1955年豊作により米の需給は緩和し，56年には基本米価は前年より引き下げられると共に，その後も抑制的であった。また，いわゆる河野農政の下で，米の統制撤廃が企画され，農協には第二次農業団体再編問題が仕掛けられることとなった。樋渡氏の説では，この時期の評価が欠落している。

その一方で，60年以降は「生産費所得補償方式」の採用で，米価が際だって上昇し，また1961年の農業基本法制定を背景に農林関係予算が増大してゆくことになるのである。

このような経過から見たとき，樋渡氏にしても，通説にしても，1960年という画期を明確にしていないところに大きな問題がある。すでに第4章で，カルダー『自民党長期政権の研究』（文藝春秋社，1989）に触れつつ論じたように，60年安保といういわば総資本と総労働の深刻な対立による日本資本主義の危機こそが，この時点での農業政策の転換を促したもっとも重要な背景であったと言わねばならない。ここに，本書における農産物市場制度の危機論的理解が関わっている。

樋渡氏の最大の問題は，50年代前半に米の統制が維持されたことをもって，保守党による「自由主義の放棄」と理解されていることである。資本主義体制において，それほど簡単に自由主義は放棄されるものではない。その証拠に，それ以後も統制撤廃論は繰り返し登場してくるのである。つまりそれは，統制撤廃をしたくても出来なかった，と理解されねばならず，そこに市場制度の危機論的理解が要求されてくるのである。

そこでこの章では，前章までの考察を引き継いで戦後の農協体制と食管制度について分析することにする。それは，単に戦後の農協体制と食管制度が

自民党政治への翼賛的機能を果たしていたと指摘することではない。むしろ，そうした政治的機能を取り上げることによって見失われがちな食管制度や農協体制の持つ経済的な「公共性」の側面を検出することの方に力点がある。

つまり，体制の維持を目指す点では「反動」的かもしれないが，それは市場制度が国民経済や国民生活を安定化させる「公共性」を合わせ持つからこそ，危機回避の手段となり得たことを主張するものである。したがって，そうした市場制度の両義性の一面だけを取り出して問題にするのではなく，両者のバランスこそが問題とされねばならないと思うのである(2)。

こうした危機論的な理解からすると，1960年の「安保危機」は重要な転機であったはずであるが，これまで必ずしも十分にその点が明確にされてきていない。また，50年代の統制撤廃についての理解も政治的側面に偏りすぎて，当時の金融市場の中で農協体制を含む食管制度が果たしていた機能が十分明確にされていないように思われる。

本章では，この2点を主な視点として，1950年代の農協体制並びに食管制度を考察し，1960年における転換の意味と食管制度の性格を改めて明確にしたいと思うのである。

注
（1）佐伯尚美『米流通システム』東京大学出版会，1986。
（2）両義性を強調するのには，従来，米価水準の議論に比して食管制度や農協の政治的側面についての研究がなおざりにされてきたのではないかという反省がある。1990年代に米穀市場の自由化が急速に進んだ背景には，従来の自民党政治に寄りかかった農村の在り方，米価引き上げに偏った農協運動，自民党の選挙対策としての米価決定などへの批判的研究が不十分であったと思われるからである。そのために，米自由化反対の運動も，農村と農協，自民党の利益擁護と一般に理解されてしまい，その国民経済的な意味の理解が妨げられた。それは政治学の課題であり，経済学の課題ではないと言ってしまえばそれまでであるが，マルクス経済学は本来，対象を経済現象に限定する近代経済学に対して，政治を含めた構造的分析，歴史的分析を一つの方法的優位性として持っていたはずである。そのマルクス経済学において，政治的な分析が不十分なまま食管制度擁護論が展開されたところに，従来の食管制度に関する研究の問題があったと思われるのである。

2．ドッジ・ライン後の農村と統制撤廃問題

1）ドッジ・ラインと主食の統制撤廃問題

　1950年代を考える出発点としなければならないのは，1949年のドッジ・ラインである。敗戦からドッジ・ラインまでの農村は，都市における食糧危機を暴動へと発展させないために，戦時体制にかわるアメリカ占領軍GHQの権力によって戦時下と同様に統制的な食糧供出が強制された。しかも，インフレの抑制と経済復興のために，米価は低賃金の基礎としてパリティ方式によって低く抑制されたのであった。

　しかし，敗戦，占領という状況においては，農村は都市のような戦災にあっておらず，何よりも食糧がある分だけ余裕があった。これに加えて戦後のヤミ経済が農村インフレと言われるような状況を生み出していた。「ジープ供出」といった権力的威圧による米の低価格での供出は，明らかに農家に理不尽なものであったが，敗戦という国難の中であくまで相対的な比較で言えば，農村の方が少しはましであった。

　農村のこうした状況を一変させたものがドッジ・ラインであったといえる。すなわち，1949年の超均衡予算，並びに1ドル＝360円単一為替レートの設定による「経済安定化計画」の実施は，直ちに農産物需要の減少，ヤミ市場の縮小となって農村へ波及し，これにシャープ税制による補助金削減も加わって，農家経済は急激に悪化することとなった。しかも，政府による公務員の大幅な人員削減，都市部の失業者などが農村への流入人口を増加させ，農林業就業者も大幅に増加を見た(1)。

　こうして，「経済安定化計画によって産業や企業の合理化のしわよせが農村にかきよせられつつある危険をはらみ，再び戦前の状況を再現しつつある」(2)という状況が出現した。この状態を栗原百寿も以下のように述べている。「農村インフレと云われた時には原則的には独占資本の収奪があるが，ヤミ経済が広範であって，一種の富農化傾向が進行しえた。これかドッジ・

197

第2部　食糧管理制度の成立とその機能

関連年表

年	月・日	事　項
1949年	3・9	ドッジ公使，日本経済安定対策（ドッジ・ライン）を勧告
	4・1	そ菜統制撤廃
	4・23	1ドル360円の単一為替レート実施
	6・25	鶏卵統制撤廃
	8・2	米価審議会設置を決定
	8・4	広川弘禅民自党幹事長「超過米の米券による自由販売措置を講じる」旨語る
		ドッジ・ラインによる不況が日本経済を襲う
		農協経営全般的に不振となる
1950年	3・21	いも類統制撤廃
	3・25	湯河原会談（農林省，経済安定本部，自由党の関係者会談，25年産米麦は強制割当制撤廃，麦雑穀は供出完了後の自由販売案を協議）
	6・25	朝鮮戦争勃発
	6・18	農薬，農業機械の配給統制撤廃
	7・3	肥料配給統制撤廃
	8・17	池田蔵相，「米価の国際価格さや寄せによる引き上げは農家に有利で，輸入補給金減少で一石二鳥」と発言
	11・12	ドッジ氏，池田蔵相に書簡（「国際情勢とくに極東情勢悪化，過去6ケ月物価逆転の傾向，世界各国が統制を強化しているとき統制撤廃は行き過ぎ」）
	11・16	農業協同組合財務処理基準令公布施行
1951年	3・1	雑穀の統制撤廃
	4・7	農漁業協同組合再建整備法公布
	7・8	朝鮮戦争休戦
	7・27	根本農相，「来年度から米の撤廃を」と語る
	9・8	対日講和条約，日米安全保障条約調印
	10・24	農業復興会議9団体主催「米麦統制撤廃反対全国農民代表者大会」
	10・26	「主食の統制撤廃に関する措置要項」を閣議決定
	10・28	ドッジ金融財政顧問来日，「政府の主食の統制撤廃に関する一般論は過度に楽観的」と警告
	12・25	根本農相，米の統制撤廃に端を発し辞任

資料：近藤康男編『食糧管理制度論』農文協，1982，斎藤仁編『農業協同組合論』農文協，1983，湯沢誠編『農産物市場論Ⅱ』農文協，1984より作成。

ラインと恐慌の両方から挟みうちされて急速に広範に没落している。恐慌下独占資本のもとで，全農民が貧困化しているのが一義的にはっきりしてきたのが今日の問題である」(3)と。

　実は，1950年における米の統制撤廃の議論も，この「ドッジ・ラインという特殊な財政方策の線から強くうち出されて」(4)きたものであった。

　つまり，それは均衡財政を貫くという大蔵省的発想からすると，食管特別会計の独立採算，食糧に関する輸入補給金の解消，そして食糧関連の行政整理を一気に達成する手段と考えられたからである。したがって，それは池田

蔵相の「国際価格サヤ寄せ論」に示されるように，都市消費者の負担によって政府の食糧関連負担の大幅削減を達成しようとするもので，いまだヤミ米価格が公定価格をかなり上回っていた当時にあっては，むしろ農家所得を増加させ農村支持基盤を拡大する意図が込められたものであった（**年表**参照）。

だからこそ，この段階での統制撤廃はドッジ・ラインがめざしたインフレ抑制とは逆行する内容を含んでいた。1950年，51年と2年続けて内閣の統制撤廃の企画がドッジ氏によってストップがかけられるのもそのためである。それはまた，ドッジの池田への叱責が示すように，冷戦がついに朝鮮戦争の勃発となって体制的な緊張を高めていることに対する日本政府の認識の甘さへの批判でもあった。つまり，中華人民共和国の成立や朝鮮半島での米軍の苦戦など，アジアの共産主義へのアメリカの危機意識は，日本政府をはるかに上回っていたのである。

いずれにしても，米については未だ供給不足の状況で，食管制度の機能は依然として米の低価格での供出と都市の消費者・労働者への安定供給に重心があり，統制の維持は樋渡氏が言うような農村対策であるよりむしろ，インフレ対策，都市勤労者対策であったことをはっきりと確認しておく必要があるだろう。

注
（1）農林大臣官房調査課『経済安定計画と日本農業の現状』1949参照。
（2）同上書参照。
（3）栗原百寿『農業危機と農業恐慌』（農業統計研究部会資料9），統計研究会，1950，p.5。
（4）内村良英『食糧政策転換の動向』糧友社，1953，p.27。

2）主食統制に対する農協と農家の態度

とはいえ，この段階ですでに，米集荷に経営を大きく依存する系統農協はもちろん，農家自身も統制継続を望んでいたことも，充分に注意を払っておく必要がある。まず，1948年に農業会を引き継ぐ形で設立された戦後の農協

は，設立早々ドッジ・ラインの煽りを受けてすぐさま経営不振に陥っていた。

新生農協が農業会を引き継ぐ形で設立されたことは，未だ統制経済が継続していた状況のもとではある意味では当然のことであった。食糧の集荷はもちろん，肥料などの統制物資の配給，預貯金，統制事務などの継承なしには，新生農協の事業もなし得ないものだったからである。農林省も農業会の解散までの資産処分を許さず，その新生農協への譲渡を認めていた(1)。

問題は，農業会から統制経済を引き継いで設立された新生農協が，設立と同時にドッジ・ラインと主食を除く様々な統制解除に直面せねばならなかったことである。すなわち，1949年から50年にかけて野菜，いも類，木炭，肥料，農業機械などの統制が次々と撤廃され，残ったのは主食だけとなった。これにこの年の「安定恐慌」の下で，ディス・インフレが加わり，統廃された物資のヤミ価格が公定価格を下回るような事態が生じたのである。

長く統制経済に親しんできた農協幹部はここで判断を誤り，不良在庫を抱えることになった。これに農家所得の減退が重なって，農協経営は一気に不振となったのである。こうして，総合農協において欠損金を出した農協の比率は，1948年の14％から49年には42％にまで跳ね上がり，50年も28％という事態となった(2)。

こうした状況で，何もしないでも安定した手数料，倉庫料収入を農協に保証する米の統制までも撤廃されることに対して，農協が強く抵抗したことは言うまでもない。何よりも，単位農協の販売事業取扱高に占める米の比率は，1950年で62％，51年60％，52年62％と圧倒的であった(3)。1951年には，農業復興会議構成の9団体で「米麦統制撤廃反対全国農民代表者大会」が開催されたのみならず，労組，主婦連，生協をも巻き込んで「米麦統廃反対国民大会」なども開催されたのである。

しかし，興味深いのは，未だヤミ価格が高いこの段階ですでに，かなりの農家が統制の継続を望んでいたことである。滋賀統計調査事務所が1950年6月に県内の約1,500戸に行った面接調査結果は**表6-1(a)**にあるように，「廃止した方がいい」という農家は18％と比較的少ない。むしろ，「あるほうがよい」

第6章　戦後農協体制と食糧管理制度

表6-1　主食統制に対する農民の意見

単位：％

(a) 主食統制の存廃についてどう思うか？

	供出収入が農家所得の60％以上	同30％〜60％	同30％以下	供出収入なし	計
あるほうがよい	32	27	20	20	27
ゆるめた方がよい	26	30	30	26	26
全く廃止した方がよい	15	13	27	10	18
価格は統制した方がよい	17	19	10	26	16
何れでもよい	5	6	7	18	7
分からない	6	5	6	10	6
計	100	100	100	100	100

(b) 主食統制廃止後の米価はどうなるか？

経営規模	1町以上	1町〜5反	5反〜3反	3反未満	計
高くなる	17	15	13	13	15
安くなる	57	54	48	38	50
変わらない	14	15	19	17	16
分からない	12	16	20	30	19
計	100	100	100	100	100

(C) 主食統制廃止されると痛手を受けますか？

経営規模	1町以上	1町〜5反	5反〜3反	3反未満	計
受ける	56	51	29	16	42
受けない	30	32	50	60	40
分からない	14	17	21	24	18
計	100	100	100	100	100

資料：滋賀統計調査事務所『主要食糧統制に関する農民の意見』1950より。

27％、「ゆるめた方がよい」26％と、存続を希望するものの方がはるかに多い。しかも、「あるほうがよい」の比率は、供出収入が農家所得に占める比率が高くなるほど高まり、「農家所得の60％以上」で最も高い32％にもなっている。

その理由と考えられるのは、**表6-1(b)(c)**に示されるように、特に経営規模の大きい農家ほど、主食の統廃によって米の価格は「安くなる」と予想し、また「痛手を受ける」と考えていたからと言える。これは、滋賀県1県の調査にすぎないが、大阪・京都という大消費地に近く、また近江米同業組合以来、米の商品販売の先進地である滋賀県において、この結果であることが重要である。東北や九州などの遠隔で共同販売の組織化が遅れた地域であれば、

この傾向は一層強くなることが容易に推測される。

それというのも、戦後に食管制度は低米価での強権的な供出を強いてきたとはいえ、戦時期ににわかに統制されたものではなく、昭和農業恐慌の過程で米価の暴落を下支えした前史を持つ制度であり、また、出来秋に販売代金が全額、安定的かつ確実に懐に入るという体制に農民が慣れ親しんでいたからである。それに加えて、朝鮮戦争など不穏な政治情勢に農家が不安を抱いていたことも作用していただろう。

何れにしても、政府・自由党の意図とは裏腹に、統制撤廃は農村での農家の支持を拡大する施策として有効ではなく、むしろ農協だけでなく農家の間でも強い抵抗をもたらすものであったと言えよう。

注
（1）この点は、玉真之介『主産地形成と農業団体』農文協、1996、補章3「戦後農協の発足と技術指導機構」を参照。
（2）農業協同組合制度史編纂委員会編『農業協同組合制度史3』協同組合経営研究所、1957を参照。
（3）同上書、p.200。

3）金融市場との関係

統制撤廃問題を考える上でいま1つ忘れてならないのは、食管特別会計がもつ金融市場との関連である。食管制度は米の流通と取引を根本的に変えたが、中でも米穀金融の在り方は自由市場時代に対して全く姿を変えることとなった。食管制度以前は、生産が秋に集中し、消費は1年を通じて平均的に行われるというギャップは、主に米穀商人が金融によって埋めていた。

販売組合もまた、政府の預金部資金が貸し付けられるようになって以降、農業倉庫証券を担保として金融を付け、平均売りを行った。また、政府も米穀統制法などによって米を買い入れる際、金融機関で割引可能の米穀証券を発行し、流通金融の一部を担った。

しかし、食管制度の開始によって、こうした流通金融は一切姿を消し、米

代金は食糧管理特別会計から米の供出と同時にほとんどは農林中金，信連，単協を通じて現金払いされることになった。しかも，その資金は日本銀行がすべて引き受ける食糧証券の発行をもって調達されることから，全く民間金融市場と切断されたものとなったのである (1)。

このように変わったのは，従来の米穀証券方式は，割引によって減額され，特に農家が現金を入手するまでに時間を要することから，供出促進に有効でなかったからである。そのために，何よりも即時現金払いが統制維持の上で必要だったのである。ただし，それがインフレに連動することから，少しでもインフレを防ぐために，組合金融系統の預貯金振替によって米穀代金の現金化を抑制しようとしたのである。

とはいえ，1949年を例にとれば，2,300億円が食糧代金として農村に資金流入し，しかもそのうち1,600億円が食糧証券による資金調達であった (2)。このことは，国債及び短期証券現在高に占める食糧証券の比率が1949年に35％にも達していたこと，また1949年の全金融機関の貸出残高が5,660億円程度であったことからいっても，明らかに1948年までのインフレ促進に一役を演じていた (3)。しかし，この食管特別会計の金融市場との関係も，ドッジ・ラインによるディス・インフレへの移行に伴って大きく変化することになったのである。

すなわち，ドッジ・ラインの実施によって1949年春からは激しいデフレ状況となり，民間の資金不足と市中の金詰まりが深刻化した。その余りの激しさに政府は金融の緩和をドッジに要求するが，インフレ抑制を第一とするドッジの許可を得ることは出来なかった (4)。こうして市中の金融機関では，いわゆるオーバー・ローン現象が生じ，また市中金融機関の日本銀行への依存度もいっそう高まった (5)。1950年からは朝鮮戦争の勃発による特需で一転してブームが訪れるが，それがまた資金需要をもたらし，以後，資金不足，オーバー・ローン状況は高度成長期を一貫して続くことになるのである。

そうした中で，食糧証券の日銀引き受けにより，食管特別会計から出来秋に支払われる膨大な食糧代金が市中の金融市場に対してもつ機能も，当然意

味が変わることとなる。つまり，それは歳末の金融繁忙期に一気に散布され，以後端境期にかけて月別平均的に回収されるわけであるから，深刻な資金不足という環境のもとでは，歳末金融の実情にマッチした金融緩和機能を果たしたと言えるからである。

裏を返すと，もし統制を撤廃した場合は，政府が様々な金融措置を講じるにしても，この歳末の金融繁忙期に大きな資金不足が生じる恐れがあった。岩田幸基『米穀金融の特殊性に関する研究』（統計研究会，1957）の試算によれば，商人系統だけでも約4,000億円の集荷・配給資金が必要となり，またそうした資金が不足すれば，出来秋の米価格は暴落し，端境期に高騰するという米価の季節変動を激しくする。農家，農協，消費者，そしてこの金融市場の状況から考えて，果たして1951年の段階で米の統制撤廃が現実として実施可能であったかどうかは疑問である。内村良英が「要するに米の統制撤廃を現状において行うことは，いろいろな資料から総合的に判断するとかなり危険なことのように思える」(6)と述べていたのが正しい評価と思われるのである。

注
（1）湯河元威「食糧管理に関する金融的覚書」（『食糧管理月報』1巻1号，1949）。
（2）細川実衛「食管特別会計と農林金融」（『食糧管理月報』2巻8号，1950）。
（3）杉崎眞一「食糧管理特別会計と財政・経済」（『食糧管理月報』2巻9号，1950）。
（4）樋渡由美『戦後政治と日米関係』東京大学出版会，1990。
（5）中村隆英「戦後の金融政策と金融制度」（大内力編『現代金融』東京大学出版会，1976）。
（6）内村前掲書，p.37。

3．1950年代の農業政策と農協体制・食管制度

1）「自立農政」の性格

　1951年の講和条約による占領の終結は，間違いなく農政に一定の転換をもたらした。すでに1951年3月20日には，農政局農政課によって「米麦の増産計画—自立経済と生産目標—」が作成されていた。これは，その前年の8月に閣議決定された「食糧自給体制強化に関する方針」を受け，「経済自立三ケ年計画」に対応して作られたものと考えられ，翌年の1952年3月に発表される農林省「食糧増産五ケ年計画」の基礎となるものであった。

　食糧の増産は敗戦後も一貫した課題ではあったが，それまでは「傾斜生産方式」に示されるように，経済復興の中心は工業部門におかれ，むしろ農業資源の非農業部門への移動の促進が計られていた。その意味からも，この食糧増産計画は占領期とは性格を異にしたものであった。

　この背景には，経済的に3つの要因が指摘されている。第1は，朝鮮戦争の勃発によって食糧農産物の国際市況が一時的にもタイトになっていた。第2に，特需ブームは景気を活気づかせたが，そのことがかえって輸入の増大を招き，貿易収支は大幅な赤字となって外貨の節約のための食糧輸入の削減が強く求められた。第3に，都市部が特需ブームで急速に景気の回復を果たしたのに対して，農村はドッジ・ラインによる恐慌状態を引きずって，学者の間では「寄生地主制の復活」が本気で論議されるというような状況であった。

　このような要因を背景として，ともかくこの時期に，土地改良事業のための財政投融資や農業改良のための各種補助金・低利資金の散布が行われ，また**表6-2**のように，物価の安定を考慮すれば米価はかなり引き上げられた。さらに地域振興立法や農林漁業資金融通法，耕土培養法，農業機械化促進法などの農業保護的な法律も次々と制定された。これらが1955年に始まる連続豊作に寄与するものであったことも間違いないと言えよう。

第2部　食糧管理制度の成立とその機能

表6-2　米の供出実績と価格

単位：万トン，％，円

年次	生産量 （a）	割当数量 （b）	買上数量 （c）	(b) (a)	(c) (a)	政府買入 価格（d）	自由米価 （d）
1945	5,872	3,984	2,934	67.8	50.0	300.75	
1946	9,208	4,210	4,058	45.7	44.1	591.79	
1947	8,798	4,583	4,363	52.1	49.6	1,921.96	10.75
1948	9,966	4,593	4,583	46.1	46.0	4,381.20	7.63
1949	9,383	4,482	4,342	47.8	46.3	4,717.58	3.09
1950	9,651	4,326	4,101	44.8	42.5	6,351.00	1.89
1951	9,042	3,671	3,796	40.6	42.0	7,440.00	1.42
1952	9,923	3,820	4,210	38.5	42.4	8,635.00	1.39
1953	8,239	2,669	3,089	32.4	37.5	10,682.00	1.36
1954	9,113	3,376	3,485	37.0	38.2	10,008.00	1.17

資料：櫻井誠『米その政策と運動』中，農文協，1989．自由米価については，佐伯尚美『食管制度下における米価体系の展開』農林中央金庫調査部、1962。

　その意味でも樋渡氏が言うように，この時期が農村をその後の保守基盤として確立した重要な時期と見なすことができないわけではない。しかし，そうした政策は1954年頃からは早くも転換されて行くのであって，この時期の特殊性も併せて明確にしておかねばならないといえる。

　結論から言うと，この時期はドッジ・ラインによって，吉田・池田の対米「協調」路線への反発が強まり，自由党が鳩山・石橋などの対米「自主」路線との間で分裂状態となるという特殊な状況のもとで(1)，占領期への反動として復古的な色彩を持った政策が一時的に登場したものであった。それは，戦後の新生農協から指導事業と利益代表を切り離し，戦前の農会系統を農事会として再現しようとする第一次の農業団体再編問題に最も端的に現れていたといえる。

　農地改革でこそ農林省とGHQの認識は重なっていたが，農業団体政策では農協法の成立過程に明らかなように，農民の自主性を尊重して放任を原則とするGHQと，農政浸透の導管として組織化を重視する農林省とで考え方が全く異なっていた。農業団体再編成問題については，その詳細は，石田雄「農政をめぐる利益諸集団の機能」（加藤一郎・阪本楠彦編『日本農政の展開過程』東京大学出版会，1967）や満川元親『戦後農業団体発達史』（明文書房，1972）などの優れた研究に譲るが，そこには占領期にGHQとの意見の違い

で政策化できなかったことを農林省が再現しようとする意図があったと考えられる。

ともかく、いわゆる「自立農政」とは、ドッジ・ラインと朝鮮戦争という特殊な経済状況と講和・独立を契機とする自由党の対米「協調」派と対米「自主」派の対立分裂状態という、まさしく「『独立』前後の特殊な政治的経済的事情のもとで突出しえた」(2) ものであり、日銀・大蔵省主導で対米「協調」路線が強化され、定着してゆくと同時に、「安上がり」農政へと道を譲って行くものだったのである。

注
（1）樋渡由美前掲書、参照。
（2）山崎春成「戦後の経済政策と農業政策」、加藤・阪本前掲書、p.187。

2）食糧政策の転換と農林新政策

実際に、「自立農政」の柱であった食糧自給体制強化＝食糧増産政策は、1953年後半から早くも転換をし始めていた。その契機となったものが、アメリカにおける農産物の過剰生産、そしてそれを背景としたMSA小麦の受け入れであったことは、持田恵三「戦後の食糧政策の反省」（農政ジャーナリストの会編『日本農業の動き』No.41, 1976）が詳しく論じている。

つまり、1954年のMSA協定（日米相互防衛援助協定）とPL480（アメリカ公法480）によるアメリカ余剰農産物の受け入れは、合計3回で量的にはそれほどではなかった。しかし、当時優先度が最も高かった外貨の節約になり、しかもアメリカの強い期待である余剰農産物処理とマッチするという意味で、それ以後の安い食糧をアメリカに依存して行くという対米「協調」路線に沿った食糧政策の出発点として重要な意味を持っていたのである。

特に、戦時・戦後の食糧難において強制された小麦などの粉食を奨励し、国民の食生活を欧米化することが、アメリカ側からは余剰農産物の市場開拓、日本側では低食糧価格＝低賃金につながるものとして、日米の経済的利害は

第2部　食糧管理制度の成立とその機能

一致した。朝鮮戦争の休戦で緊張が緩和した国際情勢からいっても，開発コストのかかる国内食糧増産から余剰農産物依存へ乗り換えることは，緊縮財政を維持してとにかく工業開発と輸出振興を中心的に考えていた大蔵省からすれば当然の選択とも言えた。

　持田恵三氏も触れている(1)農林大臣官房調査課『過剰農産物裡の日本農業』（調査資料第178号，1955）は，次のように記している。

　　「しかし過剰農産物の圧力は後述するように国内の農産物価格に影響し小麦の価格体系を歪め，さらには現行食糧管理制度の機能を揺るがしており，また他方従来からの日本農政の伝統であった食糧増産対策，例えば経済六ヵ年計画による食糧自給度の向上施策の緊要度を低からしめ，貿易第一主義の立場よりする，食糧はむしろ海外に依存しても差支えないであろうとの思想を漸く強からしめている。従来からの食糧の国内自給度の向上ならびに農業所得の維持等の原則がゆさぶられてきた訳である。のみならず余剰農産物見返円による米国の日本における小麦市場開拓措置も，内地米の領域に対する，外国小麦の政略であり，いづれにしても食糧増産を中心とした今後の我が農政は益々多事多難となるであろう。」(p.76-7)

　それは，1954年の鳩山内閣，河野農相の登場と共に農林省予算が年々減額されて，生産者米価も実質6％の引下げとなっていったことに端的に示されていた。確かに，河野農相の統制撤廃論は，結局1955年の米の予約買入制にとどまったが，それは食管制度が制度として安定したとか，維持が決まったとかいうものではなく，あくまで暫定的なものと考えられていた。しかも，1955年の保守合同は，むしろこうした農政の後退に拍車をかけるものであった。つまり，自由民主党の成立による保守党の基盤強化は，農業農村問題の政治的な優先度を低めることとなったからである。

　その意味で注目されるのは，1957年の岸内閣，赤城農相のもとで具体化した農林政策である。これは，東畑四郎，小倉武一などの農林省の若手課長が中心となって従来からの農本主義的な農政を刷新し，新たに対米「協調」路

線を前提にして打ち出した高度成長に対応する経済合理主義的農政であり,明らかに1961年の農業基本法へ連続するものであったからである(2)。

そこでのキーワードは「農業生産性の向上」や「農業合理化」であり,当時問題となりつつあった「戦後日本経済の二重構造」の解消を計るという大義名分を全面に押し立てて,財界などの了解や政府の中での農業政策の新たな方向付けを獲得し,財政措置を含む積極的な農業政策の展開を計ろうとするものだったと言える。その内容は,「適正経営の確立」「経営の共同化」「兼業農家の解消」など,1961年の農業基本法,そして1992年の農業新政策へと一貫して引き継がれる「産業化ビジョン」に立つものであった。

しかし,ここでぜひ強調しておくべきは,価格政策に対するビジョンである。すなわち,価格支持の必要性を過剰就業の下での低農業所得としている点はともかくも,その機能ないし効果については,「経営規模も大きく生産物の商品化率も高い上層に厚くなり,低所得層には薄くなる」(3)と見ていたことである。つまり,価格支持は,後に食管制度批判として常に繰り返される小規模農家維持の効果ではなく,上層農に安定所得を保証し,そこでの資本形成を促進するものと考えられていたのである。その意味で,生産者米価の問題は,従来の供出確保という点からだけではなく,「適正経営の確立」という新しい農政目標とも合致する方策と考えられていたのである。

注
(1) 持田恵三「戦後の食糧政策の反省」(農政ジャーナリストの会編『日本農業の動き』No.41, 1976) pp.22-3。
(2) 秦玄竜「農本主義から経済合理主義へ」『エコノミスト』第39巻別冊, 1961を参照。
(3) 農林大臣官房企画室「農業基本政策の問題点」(農政ジャーナリストの会編『季刊農政の動き』第1号, 協同組合協会, 1957) p.177。

3)「農協刷新拡充三ヵ年計画」の評価

1955年の米の予約買入制への移行は,農協体制と食管制度の関係が安定的

第2部　食糧管理制度の成立とその機能

に確立したというようなものではなかった。大蔵省は，それをあくまで統制撤廃への第一歩と考えており，またその年の暮れには，商人系統の意向を背景とした特別集荷制度の提案もなされていた。系統農協にとっては，この予約買入制でどの程度の安定的な集荷実績を挙げられるかに，その後の帰趨もかかっていたといえる。したがって，農協側は系統を挙げて特別集荷制度に反対しつつ，予約制確立米穀売渡促進運動を展開し，豊作にも助けられて増額改訂申込を達成することになった。

　また，同年には河野農相によって，農協系統から指導事業を分離し，金融二段階制にすることを骨子とする第二次の農業団体再編問題が仕掛けられ，翌1956年には平野私案の提案によって，再び農業委員会系統と農協系統との激しい抗争が展開された。さらに，1957年には，いわゆる全購連事件が発覚し，系統農協の政府・農林省との癒着の証として社会的に厳しい指弾を受けることになったのである。

　このように見ても，1955年頃の農協体制は保守合同によって，いわゆる55年体制に組み込まれて安定したという状況にはなく，むしろ本当の正念場を迎えていたと見ることができる。そして，第一次農業団体再編の結果として1954年に成立した全国農協中央会が系統を挙げて展開したのが，1955年からの総合事業計画運動であり，1957年からの農協刷新拡充三ヵ年計画であった。ところが，戦後の農協史の代表的研究書である前掲『農業協同組合制度史3』や満川前掲書『戦後農業団体発達史』においても，この運動の記述はほんの僅かで，評価らしい評価がなされていないのは問題であろう。

　この2つの運動は，農協を取り巻く環境が厳しいものであっただけに，以下の点で注目される。すなわち，再建整備期の農協運動が赤字解消・財務整備に偏り，専ら不採算部門の切り捨て，取扱い品目の整理に終始したことの反省に立って，この運動はまず「農家経済の計画化を推進し，これを基礎として，各種事業の計画化と総合化をはかるという基本的立場を確立した」(1)ことである。これには，農業団体再編をめぐって農協系統から指導事業を分離するという経営純化論と，指導事業を柱にして総合農協の各種事業の有機

210

第6章　戦後農協体制と食糧管理制度

表6-3　営農指導体制の整備状況（全国農協中央会調査）

	総合農協数	営農指導員設置組合数	営農指導員数	増員数	農事相談所開設組合数
1955年3月末	10,969	3,697 (33.7)	5,516	—	2,009 (18.3)
1957年3月末	12,336	5,861 (47.6)	7,766	2,610	4,917 (39.8)
1958年3月末	12,398	6,990 (56.4)	10,076	2,310	5,556 (45.0)

資料：全国農協中央会『農協年鑑1955-60』1959, p.165。

的連携をはかるという総合論が系統農協内で闘わされ，後者が優位を占めたという経過から，その理念の実践という意味があったといえる。

それゆえに，運動の中心は「わが家の経営設計」という各農家の経営・生活設計の樹立に置かれ，その積み上げによる農協事業の総合化が目指された。また，その推進母胎として「農事相談所の開設運営」が進められたのである。1957年に始まる農協刷新拡充三ヵ年計画は，北海道や長野など先進諸県の突き上げも背景に，こうした2年間の取り組みが単協中心の教育運動に留まったことの反省に立って，総合事業計画を全組織を挙げて重点項目を定めて計画的に実施しようとしたものだった。したがって，そこでも各種事業間の有機的総合化と系統事業の計画一体化が強調されたのであった(2)。

この運動がかけ声に対して実際どの程度の実績を持ったかは，改めて検討されなければならないが，**表6-3**のように，この時期に営農指導員が倍近く増えたことは事実であり，農事相談所の開設も45％に達した。また，販売事業では系統利用率が全般的に高まり，特にそれまで敬遠されてきた青果物と畜産物について，本格的な取り組みが見られるようになったのもこの時期である。

こうしてみると，この時期こそが戦後の農協体制が足場を固めた時期と考えられる。つまり，この時期の一定の事業展開による農家との結びつきを背景にして，農協体制の強固な組織性と政治力も強まったと考える必要があろう。すなわち，食管制度だけが戦後農協の政治力を保障したのではないのである。全国農協大会で「農民政治力の強化」が決議され，県単位に「農協政

治連盟」が組織されはじめるのも1958年頃であり，それが全国農政団体連絡協議会という体制を整えるのは，1960年6月である(3)。

　この過程は，まさに岸内閣による自衛隊増強，警職法改正，安保改定など「逆コース」をめぐって保守と革新が激烈な闘争を闘わせていた時期と重なっていることにも注意すべきである。それは，自由民主党の出現で保守政治が安定した55年当時とは違って，農協がキャスティング・ヴォートを握る勢力として政治力を発揮できる絶好の政治環境であったといえるだろう。農協陣営の念願とも言える米価算定方式として「生産費所得補償方式」が採用されて行くのも，農業基本問題調査会がつくられ農業基本法か制定されるのもこの過程においてであったことも決して偶然なのではないのである。

注
(1) 栗本平「農協刷新拡充三ヵ年計画と農業協同組合」(大沼幸之助・桐田啓一・青木一巳編『日本農業と協同組合の展望』三浦先生還暦記念刊行会，1958)。
(2) 同上書，及び全国農業協同組合中央会『農協年鑑1955-1960』参照。
(3) 石川英夫「農業協同組合の三つの顔」(『中央公論』1958年5月号)参照。

4) 金融政策と食管特別会計

　すでに指摘したように，食管特別会計は一般金融市場に対してかなりの影響を及ぼすものであった。1950年代後半の食管特別会計のそうした構造と機能については，大内力「食糧管理特別会計の構造と機能」(鈴木武雄先生還暦記念『経済成長と財政金融』至誠堂，1962)や，特に一般金融市場との関連については佐伯尚美「食管会計の収支と一般金融市場」(『農林金融』15巻2号，1962)がすでに詳しく分析している。

　それらを踏まえて，ここで指摘できることがあるとすれば，それは1950年代が未だドッジ・ライン以来の緊縮財政を基調とし，インフレ上昇率も1％程度のものだったのに対して，1960年代の池田内閣以降は基本的に積極財政に転換し，消費者物価上昇も6％前後へと高まるという経済構造の違いであ

第6章 戦後農協体制と食糧管理制度

表6-4 財政資金並びに食管資金の対民間収支(実質収支,四半期別)

四半期	第Ⅰ		第Ⅱ		第Ⅲ		第Ⅳ		計	
	財政資金総計	食管資金	財政資金総計	食管資金	財政資金総計	食管資金	財政資金総計	食管資金	財政資金総計	食管資金
1953	227	202	296	215	-1,685	-1,309	2,113	364	951	-528
1954	-330	332	52	-13	-2,675	-920	1,053	627	-1,900	26
1955	-480	596	-636	-619	-2,824	-1,500	1,174	357	-2,766	-1,166
1956	94	522	343	-453	-1,416	-1,089	2,613	849	1,634	-171
1957	1,777	962	1,013	-335	-2,030	-1,236	1,837	1,114	2,597	505
1958	-574	981	-231	-360	-3,456	-1,486	1,751	754	2,510	-111
1959	-726	894	237	-490	-3,470	-1,547	2,626	743	1,333	-400
1960	-321	1,061	436	-720	-3,278	-1,497	3,209	898	46	-258
1961	389	1,504	2,679	-735	-2,667	-1,464	4,572	1,152	4,973	457
1962	-957	1,844	570	-962	-5,443	-2,187	3,869	1,259	-1,961	-46
1963	-2,297	1,271	2,302	-144	-5,238	-1,993	4,735	1,301	-498	435
1964	-2,487	1,346	1,143	-463	-7,919	-2,949	5,197	1,460	-4,066	-606
1965	-1,872	1,431	1,192	-1,369	-6,974	-2,418	5,123	1,628	-2,531	-728

資料:食糧管理史研究会『食糧管理史 総論Ⅲ』食糧庁,1969,p.634より。
原注:1)大蔵省『財政金融統計月報』による。
   2)-印は,撒布超過。

ろう。この環境変化は当然,食管特別会計の機能にも変化をもたらした。

　佐伯氏が強調しているのも,食管特別会計の資金調達が食糧証券の発行に依存することによって,常に財政資金の対民間支払いの増大としてあらわれ,それが一般金融市場の緩和要因,インフレ要因となる点である。特に,それが第3・四半期に集中的に散布されるという季節性が一般金融市場の錯乱要因として問題にされていた。つまり,それは表6-4にあるように,食管会計が財政支出における季節性を増幅するだけでなく,金融市場の緩和期にはそれを促進し,引き締め期にはそれに逆行する機能をもつことであった。

　こうして,未だドッジ・ライン以来の緊縮予算が継続されていた1950年代の日本経済の中では,こうした食管会計の一般金融市場への影響も決してマイナスの作用だけを持ったわけではなく,むしろ資金不足構造の中で不可欠なものとしてプラスに作用していたのではないのかというのが,本章が打ち出したい1つの論点である。

　すなわち,表6-4から1955年以降,食管資金が第Ⅱ・四半期から明らかな撒超に転じるのは,いうまでもなく予約買入制に伴う前渡金の支払いによるものである。そしてこれは,財政資金の揚げ超を相殺する機能を果たしてい

る。同様の関係は，第Ⅰ・四半期についても逆の相殺として機能している。問題は，第Ⅲ・四半期と第Ⅳ・四半期に財政資金の季節性を増幅することである。ただし，1950年代の段階では，第Ⅲ・四半期の財政資金の撒超のかなりの部分が食管会計によるものであった。それは，裏を返すと歳末の金融繁忙期における財政資金撒布付のかなりの部分を食管会計が賄っていたとも言えるのである。

さらに，この時期の大蔵省・日銀の経済運営は，赤字国債を発行しない均衡財政を基調とし，金融政策を中心に外貨事情に過度に反応したものであった(1)。つまり，景気が加熱し，輸入超過となるたびにとられた金融引き締めが，いわゆる「間接金融」で借入金に依存する企業の資金不足に直結し，景気が急速に後退することとなったのである。

表6-4において，金融が引き締められた1957年，そして1961年の財政資金が大幅な揚げ超となっているところに，この期の経済政策が端的に示されている。そして，その両年は第Ⅱ・四半期の大幅な揚げ超に対して食管資金の撒超が際だっており，また第Ⅲ・四半期の撒超にしめる食管資金の割合が半ば以上となっている。このことは，明らかに食管資金が，金融引き締めによる市中の手元資金不足を緩和する機能を果たしたと見ることが出来るだろう。

その意味でも，以下の記述は決して誇張とは言えないだろう。

「昨年五月，日銀の公定歩合引上げで神武景気に終止符が打たれたとき，最初の見通しでは，八，九月には株価が大暴落するのではないかという見方がされていたが，それが八月になると下げ足がとまり，翌九月になると株が上がりはじめた。というのも膨大な米の予約前渡金が支払われて，これが底入れのテコになったからだ。それから本格的にデフレが進行しはじめたのは，十月ころだが，十月から十二月にかけて，これは大変なことだということになっておった。それが十二月の終わりから株価が上がりはじめて，一月，二月と安定した。また秋には，米の支払金が景気立直りのきっかけをつくった。」(2)。

このように見ても，1950年代の未だデフレ的な経済運営の下では，食管会

計はむしろ「景気変動の安定装置」として日本経済の中に構造化されていたと考えることも出来る。ただし，経済運営自体が1960年を画期に積極財政によるインフレ時代へと移行するとき，それはむしろインフレを加速する要因となり，またインフレが米価決定に新たな社会政策的役割を付与することによって，新しい悪循環が開始されることになるのである。

注
（1）中村前掲書，及び樋渡由美前掲書を参照。
（2）農政ジャーナリストの会編『季刊農政の動き』8号，1959，p.41。

4．インフレ時代と食管制度—むすびにかえて—

　以上のように，1960年という区切りは，一つは財政政策の緊縮型から積極型への転換，またその結果としてのインフレ時代への移行という経済環境の点から，また対米「自主」路線の岸内閣がもたらした「安保危機」が農村・農家の政治的ポジションを変えたという政治環境の点から，画期としてきわめて重要視されねばならない。実は，両者はコインの表裏であって，「安保危機」を乗り越えて再び安定した資本蓄積の環境を導く手段こそが，池田内閣の「所得倍増計画」であり，積極財政であった。
　この過程を「国内政治の危機」という視点から明快に論じているのは，ケント・カルダー氏である[1]。カルダー氏は，1958年から63年を，1949年から54年に続く「日本の保守を襲った戦後第二の危機」として，そこで日本資本主義に際だった利益配分政策が制度化されたとする。特に「60年代初期の農業政策の転換も，50年代初期の補助金政策導入と同じように，政権党の主流派が革新陣営と党内の反対派の二重の脅威を受ける中から作り出されたものだった」[2]とする。そして，**図6-1**によって，危機が如何に生産者米価の値上げと高い相関を示すかを論じているのである。
　カルダー氏のこの議論は，体制危機という視点を明確にすることによって

第2部　食糧管理制度の成立とその機能

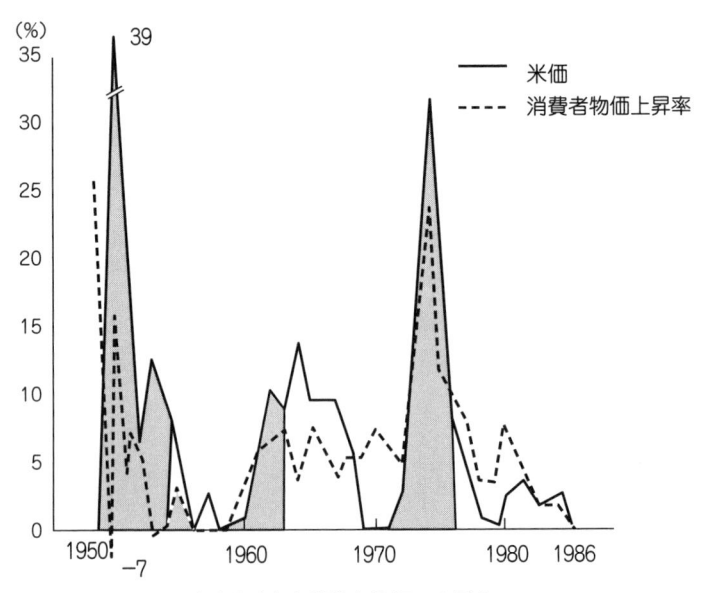

図6-1　生産者米価と消費者物価の上昇率

注：Calder, Kant, *Crisis and Compensation*, Princeton Universitty Press, 1986, p.259の図に玉が消費者物価上昇率を加えた。
原注：1）生産者米価は上位4クラスの平均で生産奨励金を含まない。
　　　2）線で囲まれた網掛け部分は，国内政治危機の期間である。
　　　3）資料は『農林水産統計』（1986年版）。

最初にも述べた食管制度の「危機管理」機構としての性格を正しく捉え，「生産費所得補償方式」の採用に象徴される1960年の画期として意義を明確にしている。その意味で，樋渡氏よりも説得力のあるものと言える。ただし，食管制度に関して言えば，やはりその機能があまりに政治主義的に理解され，インフレ時代への移行が食管制度に与えた新たな側面の評価が欠落しているように思われる。

　東畑四郎「米価にみる農政の混迷」（『エコノミスト』第41巻第27号，1963）や持田恵三「食糧管理制度の歴史から学ぶもの」（『農村文化運動』第43号，1968）も強調しているように，1960年代における米価上昇は単なる政治的圧力によるものではなかった。新たに「生産費所得補償方式」の採用に

よって当時の物価上昇と都市労賃の上昇が米価算定に反映された結果としての上昇であり，米の過剰が明確になって以降の「政治米価」とは同列に論じるわけにはいかない。その意味でも，問題にすべきは，「生産費所得補償方式」の採用に体現された当時の社会的理念の問題であり，また物価上昇，労賃上昇という現象に示された当時の経済構造の問題であろう。

ここでの重要な背景は，周知のように，1955年以降農工間の所得格差が急速に拡大したことである。55年から60年にかけ製造業の賃金は年平均16.9％も上昇したが，農業所得はわずかにその4分の1にすぎなかった(3)。

しかも，そうした製造業の賃金上昇が労働戦線におけるいわゆる太田―岩井ラインによる春闘方式の全面的採用によって，毎年恒例のカンパニアによって獲得されたものであることも，農村・農家に与えた社会的な影響は大きかったといえよう。というのも，農村においては戦前の小作争議のように，もはや農村内において所得増加を組織力で獲得する状況はなくなり，彼らの生活要求は農外へ向ける以外になかったからである。

その時，ほとんどの農家が利害を持ち，かつ賃金闘争と同じように，交渉によって人為的に変更が可能な存在といえば，それは米価しかなかったと言えよう。「生産費所得補償方式」に体現されている再生産可能な生産費と勤労者並みの労賃の保障という要求は，米が長く商品ではなく統制物資として流通してきた状況においては，当然の要求として観念されたし，労働者との所得格差が拡大している状況においては，なおさらであった。

しかも，ロシア革命以来の「労農同盟」論の影響力が世界的に強かった当時にあっては，農家は経営者ではなく労働者である，という観念が農家自身の中にも，社会にもかなり強く存在した。米価審議会における「同一労働，同一賃金」原則の主張も，そうした社会思潮を背景として，都市勤労者並み労賃の保障という生産者側の要求実現の力となった。また，農業基本法がその前文において，「農業従事者が他の国民各層と均衡する健康で文化的な生活を営むことができるようにする」と，農工間の所得均衡を目標として掲げたことも，この主張に大義名分を与えるものであった。

しかし,「生産費所得補償方式」の採用について言えば,そもそも食糧管理法に政府買入米価を「生産費及物価その他の経済事情ヲ参酌」することが明記されており,1952年の改正ではさらに「米穀ノ再生産ヲ確保スルコトヲ旨」とすることが書き加えられているという点が最も重要な根拠であった。わが国の米の価格支持は昭和恐慌以来,生産費を基礎としてなされてきた伝統を持ち,1942年の食糧管理法はそれの集大成であった。戦後のパリティ方式はGHQによって持ち込まれた方式であり,明らかに食糧危機の中で低米価供出を合理化するための役割を果たしていたからである。

　つまり,1960年の「生産費所得補償方式」の採用で,食管制度は本来の立法理念に立ち返ったと言うこともできる。だからこそ,1960年代の食管制度を考える場合には,戦時期における食管制度の機能をもう一度振り返っておく必要がある。というもの,前章まで見てきたように,食糧管理法は決して不足する食糧を権力的に調達し平等に配分するというだけのものではなく,戦争という国家にとって最大の危機を背景に,きわめて社会政策的な機能を合わせ持つ総力戦体制の一翼を担うものだったからである。

　すなわち,二重米価制が採用され「本来一体であるべき価格と流通が機能的に分断され,いわば二元化」(4)したのは,戦時経済のインフレ構造の中で,一方では食糧を確保し,他方で消費者家計を安定させるという危機管理的な必要のためであった。失業問題を除けば,恒常的なインフレの進行こそ社会を不安定化させる最大の経済的ファクターだからである。図6-1で示したように,1960年代は戦後日本経済の本格的なインフレ時代への移行を意味した。労働組合の春闘もしだいにインフレで目減りした賃金所得を取り返す色彩を強めた。このため消費者米価の引き上げは,政治的に難しくなっていった。

　そして,生産者米価はこの物価上昇と都市勤労者労賃の上昇を主要な要因として,消費者米価を越えて上昇していく。それは,いうまでもなく米の全量管理が達成されて行く過程であると共に,財政赤字によるインフレ促進や米の生産過剰など機能不全要因が構造化されてゆく過程でもあった。しかし,インフレ時代の中で主食の米価格が安定していたことが消費者家計に果たし

た役割は決して小さくはない。と同時に、農業基本法が目指す「自立経営」の育成による農工間所得均衡が「画餅」に帰す状況の下では、生産者米価の上昇がインフレによる農家の実質所得減少を補うことに大きく貢献したという意味で、社会政策的機能を果たしたと言えるのである。

それは、本書が繰り返し述べてきたように、食管制度が「危機管理」機構としての機能を果たしたことを意味している。では、なぜ1960年代だったのか。この問いの検討は、終章において改めて行うが、アメリカが遂にベトナム戦争へと踏み込んでいく冷戦の新しいステージが、その一翼を担って日米安保体制、日米経済協力を進める日本に総力戦体制と類似した食管制度の機能を要求したと総括的にまとめることができるだろう。

この体制の下で、食管制度は市場メカニズムでは決して達成できない「平等化」の機能を果たすことになったが、それがまた、冒頭で問題にしたように、農村・農家・農協と自民党議員との政治的癒着をもたらし、農協・農家の経営者観念の育成を遅らせ、消費者との間に大きな溝をつくったとすれば、1980年代以降のグローバル化の下での農家の困難を創り出したという意味で、その代償も大きかったのである。

注
(1) Calder, Kent. E (1986), *Crisis and Compensation: Public Policy and Political Stability in Japan, 1949-1986*. Princeton University Press.（邦訳　カルダー・E・ケント（淑子カルダー訳）『自民党長期政権の研究』文藝春秋，1989）。
(2) 同上邦訳，pp.208-9。なお、**図6-1**のFigure 5.7（p.259）は，訳書では割愛されている。
(3) 同上書，p.207。
(4) 佐伯尚美『米流通システム』東京大学出版会，1986，p.1。

終章　食糧管理制度の歴史的性格

1．各章のまとめ

　本書の課題は，近現代日本の米穀市場と食糧政策の歴史的展開を日本資本主義の発展に照らして明治期から戦時，戦後までたどり，副題にある食糧管理制度（以下，食管制度と略）の歴史的性格について考察することであった。
　この課題に対して本書は，第１部として，米穀検査制度の史的展開を４つの章で分析した。序章では，研究史のレビューから，「地主制」の農業支配という分析の枠組みに規定されて，米穀検査制度が長く「地主的」という評価の下にあったことを確認した。その一方で，米穀市場や小作争議の研究からは，それが単純に「地主的」とは評価できない事実が様々に指摘されていた。しかし，それらも日露戦後に県営検査が全国へ普及した理由や，それをめぐる政府や地方庁の施策を十分に説明し得ていなかったのである。とりわけ，これまでは，当時成立する食糧政策との関わりの理解を欠いていたのだった。
　第１章では，地租改正後の粗悪米氾濫に対して，各県の対応が県営検査ではなく同業組合検査となった背後に，「売買自由の原則」を尊重せざるを得ない明治国家の意志があったことを示した。それと合わせて同業組合検査が粗悪米氾濫に有効な制度とはなり得なかった理由を考察した。
　第２章では，米穀検査が県営検査として全国に普及する真の理由が，日露戦後の外貨危機を背景に外米輸入抑制の一環として成立した食糧帝国内自給化という食糧政策にあることを示した。また，検査によって生じる地主小作間の利害対立を地主会の設立や奨励米の普及によって，何とか調整して制度

221

第2部　食糧管理制度の成立とその機能

の定着を計ろうとするところに，当時の行政の意図があると論じた。

　第3章では，県営検査の普及が「売買自由の原則」によって，国の法律とはならず県営検査に止まったことが，第1次大戦後に本格化した米の産地間競争の激化により，県営検査が製品差別化の手段へと性格を変えることを明らかにした。また，それが米穀市場の制度化を進める政府にとっても統制の障害として認識され，銘柄整理と国営検査が政策課題として取り組まれるが，それが容易に達成できなかったことを論じた。

　以上を通じて，これまで「地主的」とされてきた米穀検査制度の性格規定を正し，その展開を規定付けていたものが，米穀市場の発展と食糧政策にあることを明確にし得たと考える。そしてこのことは，戦前の日本農業に対する分析の枠組みの問題にも直結していた。なぜなら，「地主的」という誤った評価の背後には，日本資本主義を「資本家・地主ブロック」が支配する階級国家とする理解があったからである。したがって，この分析の枠組みが壊されないかぎり，「地主的」に代わる評価は提示されようがなかったのである。

　本書は，国家を階級支配の道具としてではなく，階級利害から相対的に自立した体制としての「危機管理」にその機能を求めて考察を行った。その結果，「売買自由の原則」に立つ資本主義国家が市場に介入や規制を行うためには，「自由」に勝る，あるいは市場メカニズムでは達成できない，国民経済的な「公共性」が不可欠であり，また，農産物市場制度の機能にも，「中立性」や「平等性」等の社会的認知が必要となることを提起したのであった。

　この知見に立って，近代の米穀市場と食糧政策に関する貴重な研究書3つを取り上げて，内容を紹介すると共に論評を行った。

　続いて第2部は，3つの章で，食管制度が戦時下に成立するまでの経緯と戦後復興期の展開を実証的に検討した。食管制度については，農業保護制度という単純な理解が通俗的にも，学術的にも一般的である。これに対して，第1部における「公共性」「中立性」「平等性」という農産物市場制度の要件も踏まえながら，食管制度の成立過程並びに戦時体制，戦後についても考察し，その制度化が国家の食糧危機を回避しようとする食糧政策によって規定

づけられ、「平等化」を通じて「危機管理」機構としての機能を果たすものであったことを明らかにした。

　第4章では、1930年代までの米穀市場統制が「米価変動の抑制」という「中立的」な機能を追求するものであったことを確認した上で、価格変動の抑制に踏み込んだ結果として、物流に支障を来し、統制が次の統制を導くメカニズムが始動したことを論じた。また、価格支持の効果を高める上で、流通の組織化は不可欠であり、その意味で食糧管理法による直接統制は、間接統制から断絶したものではなく、その極限化であることを明確にして、佐伯尚美氏の「権力」統制という理解を相対化した。さらに、戦時体制下における食管制度が価格と供出・配給の両面で、地主と小作間、農村と都市間、そして消費者間の「平等化」に作用することによって、総力戦体制の「危機管理」の一翼として機能したことを論じ、その延長線上で1960年代に言及した。

　第5章では、1939年を転機として深刻化する食糧危機により、食糧統制が如何に進展していったのかを米以外の作物や外地を含めて包括的に跡づけ、そこに食糧管理法を位置づけた。そこでは、戦時統制が応急的な対策ばかりではなく、農村小商人の排除など、戦時を好機として平時では達成できない大胆な合理化も含まれており、それらが戦後の市場制度の原型を形作ることも指摘した。また、「権力」統制とはいえ、価格インセンティブが積極的に活用されており、それと合わせて食管制度が部落の共同性を介にした負担の「平等化」によって供出目標が達成され、敗戦までは食糧の遅配・欠配には至らなかったことにも注意を喚起した。

　第6章では、いわゆる55年体制と共に食管制度が米価決定と農協が介した農民掌握の機構となった、とする理解を批判的に検討した。そこでのポイントは、統制撤廃からの主食除外が日本政府よりも冷戦を背景としたアメリカによるものであること、また、55年体制の成立後は、むしろ対米「協調」路線の下で「安上がり農政」が展開されたことである。その過程で、農協系統は危機感を持って米穀集荷の主要機関としての体制を整えた点を見逃すことはできず、むしろ1960年安保危機へ向かう保守党の「逆コース」の過程で、

食管制度は今一度「危機管理」機構としての出番を迎えたという評価を行った。

以上から，食管制度を単純に農業保護制度とだけ見る見方は一面的であり，また，その制度化と展開は，常に国家の食糧危機への対応の過程であったこと，さらにはそれが危機管理の機能を果たす上で「平等化」の作用が不可欠であったことなどを論じた。

2．国家独占資本主義論の検討

以上の第2部の考察を踏まえて，食管制度の前史，戦時期の成立，そして戦後の存続を通観して，その歴史的な性格を改めて総括的に考察することが終章の課題である。そこでは，もちろん米穀検査制度を事例に，農産物市場への国家介入を論じた第1部が前提となることは言うまでもない。

しかし，食管制度の場合には，戦前と戦後をまたがることから，戦後の日本資本主義の理解についても検討が必要であろう。その意味からここで取り上げるのが，国家独占資本主義論である。これは，米穀検査制度に対する「地主的」という評価の背後にあった「資本家・地主ブロック」論の戦後版と言うことができ，一般に「国家権力を自己に従属させている独占資本主義の支配体制」(1)と規定されている。

この概念は，マルクス経済学が資本主義経済の破綻と社会主義社会の実現を真剣に論じていた時代のものであるので，冷戦が終結し，グローバリゼーションが進展する今日には，いかにも古くさくなってしまった。しかし，貿易自由化や民営化，規制緩和が展開される以前の資本主義が，国家による国民経済の管理統制を広範に行っていたことは各国に共通する事実であり，しかもその起源は1930年代の大恐慌や総力戦体制にまで遡ることも周知であろう。

その意味で「国家独占資本主義」は，総力戦体制の下での経済統制や社会編成が戦後にも持ち越された歴史的事実を概念化した1つの試みとして，ま

終章　食糧管理制度の歴史的性格

さにその過程の象徴とも言える食管制度を考えるときには，避けて通ることはできない概念なのである。

ただしかし，1970年代によく使われていた「国家独占資本主義的市場編成」という概念については，ここで深く立ち入る必要は無いだろう。この概念は，「市場編成」という言葉に自縛され，「市場・流通の再編をめぐる現象の全てが国独資の支配の形態のあらわれ，国独資に支配・従属させたものとして説明してしまい，現象理解の国独資還元論ともいえる硬直的な説明がくりかえされた」(2) と，すでに総括的な評価がなされているからである。

ここで検討するのは，大内力氏の論文「国家独占資本主義と食管制度」(『日本農業年報』17集，御茶の水書房，1968) である。この論文で大内氏は，「じつはこんにちの資本主義は，それ自体の体制のために，かかる保護・制度を必要としているのであり」，食管制度は「すぐれて国家独占資本主義の体制の一環として，そのなかにビルト・インされていることが，正しく認識されなければならない」(p.28) とされていたのである。

その中身として，大内氏は「体制側にとっての安定勢力を保持」するという政治的目的をまず挙げている。国家独占資本主義は，社会主義との対抗上，「各種の保護対策や社会保障をもって」，括弧付きの「福祉国家」を実現しようとする。その意味で，「しばしば農村の票が，保守と革新とのキャスティング・ヴォートの役を果たすこと」(p.29) もあり，農民保護はいわば超党派的なテーマとして追求されるとしている。

「しかしより重要なのはいうまでもなく経済的な目的である」(p.29) と大内氏は言う。この経済的目的として大内氏が挙げるのは，①雇用政策，②購買力の創出維持，③国際収支の安定，④金融の疎通の4点である。雇用政策とは，農業が中高年層の雇用の場として重要な位置を占めること，購買力の創出維持，国際収支の安定，そして金融の疎通は，本書の第6章で分析したような国による米代金の支払いが景気を下支えするスタビライザー機能を指している。

大内氏は，また「こんにちいずれの先進資本主義国＝国家独占資本主義国

225

第2部　食糧管理制度の成立とその機能

も，主要農産物については手厚い保護体制をとり，多かれすくなかれ国際価格とは隔絶された高い価格を国内で維持している」(p.25) ことも指摘している。以上を踏まえて，氏は，農産物価格政策は資本にとって不平の種になり，それをできるだけ安上がりにする努力はくりかえされるだろうが，「しかしそれにもかかわらず，こんにちの資本主義は，基本的には食管体制のような農産物価格支持制度を欠くことはできないのである」(p.32) と結んでいる。

　大内氏の食管制度論を一言でまとめれば，世界大恐慌からの脱出の過程で資本主義国家にビルト・インされたケインズ経済政策の制度的な一翼を担うものと性格づけられる。独占的な重化学工業と中小零細な農林漁業・小商業という国民経済の二重構造の下で，不可避的に陥る購買力不足を補うスタビライザーとして，食管制度が果たしていた機能を位置づけたものとして評価できるであろう。

　これは，大内氏の国家独占資本主義が，管理通貨制度をはじめとして大恐慌を経て資本主義国家に制度化された恐慌回避機構に力点をおいた理解であったことと関連している。実際，大内氏は，自身の国家独占資本主義論を「恐慌論的アプローチ」と呼んでおられる[3]。これは大内氏の国家独占主義論が，「全般的危機」論に代表される戦後の諸説を批判的に総括して，より経済学的に概念を純化させたものであったことの反映と言えるかもしれない。

　しかし，そうであるがゆえに，大内氏による食管制度の理解は，農村における有効需要創出の側面が前面に出て，本書が第2部で検出した食糧危機への対応の側面が欠落している。すなわち，危機の中身が恐慌に代表されてしまい，総力戦体制，そして冷戦において食糧問題が持つ固有の意味が見失われてしまっているのである。このために，食管制度は専ら農村対策と位置づけられて消費者に対する機能が見逃され，後に論じるように，食糧問題をめぐる日米関係という戦後の日本資本主義にとって重要な側面も見失う結果となったのである。

　では翻って，国家独占資本主義論が，戦時から戦後への資本主義の歴史的

終章　食糧管理制度の歴史的性格

変化を一面において捉えながら，今日までの有効性を持ち得なかった理由はどこにあるのだろうか。その理由は，国家独占資本主義論が資本主義の「発展段階」論だったことに求められるだろう。すなわち，社会主義への「発展段階」という認識が根底にあるがために，危機対応としての国家の市場介入が不可逆的な資本主義の変質（発展）と捉えられてしまい，1980年代から始まる規制緩和や民営化などの，いわば資本主義の本性の復活（危機対応の解除）を想定し得ない枠組みだったのである(4)。

　その点で，規制緩和の考察にも国家独占資本主義論が有効であると主張される三島徳三『規制緩和と農業・食料市場』（日本経済評論社，2001）にも簡単に触れておく必要があるだろう。三島氏は，新自由主義の「小さな政府」の主張や公的規制の廃止・縮小の展開を踏まえつつも，「だが，規制緩和政策が前面に出てきたからといって，国独資の体制が変容したわけではない」（p.23）と言い，農業市場の現状分析にとって，依然として「国家独占資本主義論が決定的に重要」（p.4）とも言われている。

　それは，三島氏が国家独占資本主義を「2つの顔」，すなわち，「独占資本主義体制を補強する"顔"」と「社会的弱者に対する保護と救済を政策目的のひとつとする『福祉国家』の"顔"」の複合体で捉えられるからである。この理解からすれば，1980年代以来の規制緩和の動きは，前者の"顔"の拡大と後者の"顔"の縮小という量的な変化であって，「体制の変容」という質的変化ではないことになる。

　こうした理解は，三島氏が大内氏よりも国家独占資本主義の危機対応としての側面，言い換えると「『危機』への対応として労働者階級への譲歩」（p.7）の側面を重視されているからである。これは，国家が危機管理のための利害調整の機能を持つことを指摘したものと言えるが，問題は，それがいかなる「危機」か，という危機の中身が不明確なことである。このために，プラザ合意や冷戦終結，グローバル化や規制緩和なども，「独占資本vs国民大衆」，「規制緩和vs公的規制」という「二項対立」だけで捉えられ，変化の中身の考察が深められないものになっている。

この結果，規制緩和＝独占の"顔"＝「反対すべきもの」，公的規制＝「福祉国家」の"顔"＝「守るべきもの」という単純な二分法となって，事態に対する社会科学的分析が深められないままに，いかに規制緩和に反対するかという「運動論」に収斂してしまっているように思われるのである。

　以上の国家独占資本主義論の検討から得られる結論は，「資本家・地主ブロック」論と同様に，特定の階級の道具として国家を分析する階級国家論では，農産物市場制度の歴史的性格を正しく考察できないと言うことである。同時に，戦争という国家の存亡に関わる危機において食糧問題が持つ固有の意味を重視すべきことである。そこから戦時並びに戦争に備える体制が政治，経済，社会に及ぼす影響を包括的に捉えることで，食管制度の歴史的性格も考察されねばならないのである。

注
（1）島恭彦「国家独占資本主義の本質と発展」（『島恭彦著作集5　国家独占資本主義論』有斐閣，1983）p.357。
（2）新山陽子「農産物の市場と流通Ⅰ」（中安定子・荏開津典生編『農業経済研究の動向と展望』富民協会，1996）p.165。なお，「国家独占資本主義的市場編成」については，御園喜博『「国家独占資本主義的市場編成」の理論と現実」（川村琢ほか編『農産物市場論大系2　農産物市場の再編過程』農文協，1977）を参照。また，この概念については，三島徳三氏も「自らが作り上げた無意味で一面的な規定の泥沼にはまり込み，次々と無意味さを上塗りしていった『壮大な観念論』といえる」と厳しく批判している（三島徳三『規制緩和と農業・食料市場』日本経済評論社，2001，p.4）。
（3）大内力氏の国家独占資本主義論については，大内力『国家独占資本主義』東京大学出版会，1970を参照。
（4）国家独占資本主義の性格を恐慌回避機構の構造化に求めていた大内力氏は，スタグフレーションという事態を捉えて，その機能の破綻と定式化したが，やはり「発展段階」論に立っておられた限りで，その後の規制緩和とグローバリゼーションを見通すことはできなかった。大内力『国家独占資本主義・破綻の構造』御茶の水書房，1983を参照。

3．食糧管理制度の歴史的性格

1）総力戦体制の一翼としての食糧管理制度

　こうして，改めて第1次大戦以降における農産物市場への国家の介入と制度化の過程を総力戦体制，並びに冷戦を明確に意識して簡潔にまとめ，本書の課題である食管制度の性格規定を示すことにしよう。

　まず，先進資本主義国の農業政策を大転換させたのは，第1次世界大戦中の食糧危機であった。ここから有時に備えた食糧増産・自給化政策が始まった。何よりも，世界最先端の工業力を誇ったドイツが，イギリスによる海上封鎖によって数十万人という餓死者を出し，それが11月革命，ひいてはドイツの敗戦につながった。ロシアでも1917年，国際婦人デーの「パンをよこせ」というデモが起点となって2月革命が起き，ロマノフ帝が崩壊したのである。イギリスでも，ドイツによる無制限潜水艦攻撃によって食料不足となり，餓死者はでなかったものの食料品価格の高騰により，民衆の不満と不安が高まった。そしてついに自由放任政策は放棄され，牧草地の耕地化など，食料増産政策に国家が乗り出すのである(1)。

　これに対して，第1次世界大戦後の日本農政の基調を作ったのは米騒動である。決して小作争議ではない(2)。ドイツにおける飢餓やロシアにおける革命の情報だけでも，政府を震撼させたが，そこに食糧暴動とも言える米騒動が1918年8月，国内で勃発した。それは，10日間ほどで全国へ広がり，41道府県で数百万人が参加し，警察だけでは押さえきれず，10万人以上の軍隊が投入され，2万5千人以上が検挙された。世論の高まりに寺内正毅内閣は崩壊し，日本で初の政党内閣である原敬内閣が9月に誕生した。

　農商務省農務課はこの年の内に「食糧自給三十年計画」をまとめ，国内はもちろん，特に北海道，また植民地としていた朝鮮，台湾での産米増殖の方針を打ち出す。翌1919年には原首相を会長とする臨時財政経済調査会に「糧食ノ充実ニ関スル根本問題」が諮問され，耕地の拡張・改良，農業水利，耕

作法改善、農業金融などに国庫補助金を大幅に投入することが答申された。

　ヨーロッパの教訓、そして米騒動の深刻さから、この植民地を含む帝国内での食糧増産・自給化政策は、他の資本主義国と同様に、その後の農政の基調となった。例えば、1922年に制定される中央卸売市場法は、都市の物価問題を抑制するたに、大都市に対する青果物の大量出荷を促進するための法律である。そのためには、なによりも農業生産者が青果物の出荷を有利で安心と感じるシステムが必要となる。こうして、商人の思惑を徹底的に排除したセリと手数料の方式が採用され、しかも公設によって販売代金回収が確実な制度設計となったのである(3)。

　小作制度への国家の介入も同様である。近代的な私有権の下では、農地の貸し借り（小作制度）は民事の世界であり、しかも民法上の基本は所有権が利用権に優位の関係である。それは前近代的でも封建的でもなく、まさしく近代の特質である。しかし、農業生産者の生産意欲を高めるためには耕作権の安定が不可欠である。その意味で、1920年の小作制度調査委員会に始まる耕作権強化という政策基調は、食糧増産・自給化政策に基礎付けられたものだった。さらに、自作農化こそが耕作権強化の究極の形態にほかならないため、この政策基調は、戦時、そして戦後の農地改革にも貫かれていくのである。

　しかし、ここに始まる先進資本主義国の食糧増産・自給化政策が世界農工分業体制を崩壊させ、農産物の構造的過剰という第1次世界大戦後の世界農業問題を深刻にしたように、日本においても、朝鮮、台湾における産米増殖計画は、移入米の大量流入によって、昭和農業恐慌を米の構造的な過剰問題にした。

　この農業・農村危機が青年将校のクーデターといった体制危機となる中で政府は1933年に米穀統制法を制定して米価の公定に乗り出すと共に、産業組合の育成を強力に進めて、農産物市場、購買品市場からの商人資本の排除や、農村への資金供給ルートの組織化を進めたのである。

　ところが、第4章で見たように、価格の公定は、米穀取引所を廃止に追い

込んだだけではなく，価格差をシグナルとする物流までも滞らせることとなった。こうして価格統制は配給統制への拡張をよぎなくされる。つまり，統制が統制を呼ぶメカニズムが始まったのである。1939年の大干害による米の過剰局面から不足局面への移行も手伝って，太平洋戦争開始直後の1942年，それまで積み重ねられてきた統制をまとめて，食糧の貿易・価格・流通のすべてを国家が管理する食糧管理法が制定された。

　この食糧管理法は，決して生産者保護だけを目的としたものではなく，食糧危機の回避のための「食糧確保」を最優先課題として，増産のためのインセンティブとして耕作者を優遇したのであった。言い換えれば，それは「国民生活の安定」という目的と一体であり，その目的達成のために，買入価格，売渡価格が別々の論理で決まる二重価格制が組み込まれたのである。

　この結果，買入価格が売渡価格を上回る"逆ザヤ"価格が生じ，それがヤミ米を駆逐して，流通する米の全量国家管理が可能となり，インフレという副作用を伴いながらも，社会の安定という機能が発揮できるようになったのであった。これを自由な市場に委ねれば，米価は際限なく高騰し，米を暴力で奪い合うパニックとなって国家体制が崩壊することは火を見るより明らかである。その意味で，食糧管理法は究極の統制と部落の活用によって，曲がりなりにも米の「平等」な供出確保と「平等」な配給を継続し，国家の「危機管理」機構としての機能を果たすことができたのである。

注
(1) 第1次世界大戦以前の世界の自由貿易体制については，玉真之介「小経営的生産様式と農業市場」（美土路知之他編『食料・農業市場研究の到達点と展望』筑波書房，2013）を参照。
(2) これまでは，「地主制」による農業支配という分析の枠組みに規定されて，分析の視野が農村に限定されてしまい，都市住民が主体となった米騒動の意義が看過され，専ら小作争議に議論が終始してきた。これは，「半封建的」「前近代的」といった問題把握から総力戦を同時代の問題として認識できず，国家にとっての食糧問題の意義も認識されてこなかったからである。
(3) 玉真之介『主産地形成と農業団体』農文協，1996，第2章を参照。

2）朝鮮戦争と食糧管理制度の存続

　問題は戦後である。この総力戦体制の一翼を担った食管制度が，なぜ統制撤廃の対象とならずに戦後も存続し，1995年まで生き続けたのかという問題である。この問いに答える最初のステップは，1950年頃から政府が繰り返し主食の統制撤廃を試みながら，なぜそれが実行しえなかったのか，という問いに答えることである。

　主食統制撤廃の契機は，第6章で論じたように，1949年のドッジラインであった。ドッジラインにより財政均衡を迫られた大蔵省と政府は，主食の統制撤廃によって，食管会計の独立採算や輸入補給金の解消，食糧関連の行政整理を目指した。「米価の国際価格さや寄せによる引き上げは農家に有利で，輸入補給金減少で一石二鳥」（1950年8月17日）という池田勇人蔵相の発言に，その意図は端的に示されていた。それは，都市消費者の負担により食糧関連予算の大幅削減と農家所得の増加を計り，農村支持基盤の拡大をねらったものでもあった。

　しかし，この目論見は，ドッジ氏から池田蔵相への書簡（「国際情勢とくに極東情勢悪化，過去6ヶ月物価逆転の傾向，世界各国が統制を強化しているとき統制撤廃は行き過ぎ」）によって頓挫する。この年の6月25日，北朝鮮は38度線を越えて進軍し，瞬く間にソウルを陥れ，国連軍として参戦した米軍も苦戦を強いられて釜山に追いつめられた。9月1日，米軍25万人が上陸して押し戻し，10月には38度線を超えて進軍するが，今度は中国の人民軍志願兵が100万人規模で参戦し，再び戦線は押し戻されることになった。

　1951年になると，原爆使用や中国本土爆撃などの強硬論を主張していたマッカーサーが第3次世界大戦への発展を危惧したトルーマン大統領に解任された。沖縄で米軍基地が増強され，大規模な土地接収が開始されたのもこの年である。

　アメリカは，対日講和条約を急ぎ，日本国内の「全面講和」を求める世論

終章　食糧管理制度の歴史的性格

が沸騰する中で，9月8日には日米安全保障条約と一緒に講和が実現した。その頃，第3次吉田内閣の根本龍太郎農林大臣が「来年度から米の統制撤廃」に言及，吉田首相も所信表明の冒頭で統制撤廃に触れ，10月26日には「主食の統制撤廃に関する措置要綱」が閣議決定されるまでにいたった。しかし，再び来日したドッジ金融財政顧問によって「政府の主食統制撤廃に関する一般論は過度に楽観的」と警告がなされ，再び頓挫するのである[1]。

こうして食管制度は統制撤廃の間際で継続が決まった。それを決めたのは日本政府ではなく，ドッジ氏であり，換言すればアメリカであった。自由主義者としてドッジラインを実施させたドッジ氏が，なぜ日本政府がすでに閣議決定までしていた主食の統制撤廃に反対したのか。

それは，やはりアメリカが感じてきた戦争への危機感であったと考えるべきであろう。1949年には，ソ連が核実験に成功し，アメリカの核独占は崩れていた。朝鮮戦争は，成立した中華人民共和国との戦争へ発展する可能性を持っていた。フランスは，ベトナムでの戦争に苦戦してアメリカに援助を求め，アメリカは1950年にフランス支援を開始した。

極東の情勢は，局地戦がいつ世界規模の熱戦の引き金となるかわからない冷戦構造を明白なものとしていたのである。その点で，日米安全保障条約で世界最強国家アメリカの核の傘に納まり，朝鮮特需に国内経済が沸き立っていた日本は，アメリカからすると戦争への危機感が「過度に楽観的」であった。統制撤廃が引き金となって，不穏な国際情勢の下で商人や消費者が米の思惑買いに走り，米価が急騰して日本国内が再び米騒動で大混乱するような事態を想像できなかったのである[2]。

また同時に，戦前を引き継いだ戦後の食糧管理制度が実際に果たしていた機能に対するGHQの評価も，アメリカの判断に寄与したものと思われる。すなわち，戦後に発足した農協は戦時中の農業会から財産や職員を引き継いで素早く設立され，戦時中とほぼ同様の食糧供出の担当機関となっていた。それに対して，GHQの農協担当官クーパーは，「食糧集荷計画において占める協同組合の役割は注目を必要とする。これら組合は政府の主要な任務に於

233

いて重要な役割を演じている」(3)と評価していたのである。

　その意味で，総力戦体制の下で構築された食管制度と農協へ引き継がれた食糧調達の機構は，冷戦という新しい戦争体制の移行にあたって，再び「国民の食糧確保」と「国民生活の安定」という危機管理の機能を期待された結果として，アメリカによって存続が決定されたと考えるべきであろう。

注
（1）主食統制撤廃問題の経緯については，樋渡展洋『戦後日本の市場と政治』東京大学出版会，1991，p.163以下を参照。
（2）実際，1952年は日本労働組合総評議会（総評）が左転換し，全面講和の運動を引き継いで社会運動の盛り上がりが見られた。特に，吉田内閣が「破壊活動防止法」（破防法）を1952年4月に国会へ提出したことをきっかけに，労働組合や学生による「破防法」反対運動が激しく展開された年となったのである（中村隆英『昭和史Ⅱ』東洋経済新報社，1993，p.449）。ここに米価の高騰が生じたなら，社会運動の火に油を注ぐことになっただろう。
（3）農業協同組合制度史編さん委員会編『農業協同組合制度史』第1巻，協同組合研究所，1968，p.449。なお，戦後農協の成立過程については，玉真之介前掲『主産地形成と農業団体』の補章3を参照。

3）新たな食糧政策と安保危機

　その一方で，冷戦開始が日本の食糧政策を大きく歪めつつあったことも第6章で確認した。すなわち，食糧増産・自給化を目指した「自立」農政から，アメリカの余剰農産物受入を柱とする対米「協調」路線に立つ「安上がり」農政への転換である。1954年のMSA協定とPL480によるアメリカ余剰農産物の受け入れが，その出発点であった。1955年からの河野農相による「安上がり」農政の展開も，この路線に立ったものだったと言える。

　戦時期における食糧自給体制といっても，それは朝鮮・台湾の米や満洲の飼料などに依存したもので，国内だけで完結したものではなかった。したがって，植民地を喪失した戦後の日本が国内だけで食糧を自給することには無理があった。その意味で，開発コストのかかる国内食糧増産からアメリカの

終章　食糧管理制度の歴史的性格

余剰農産物依存へ乗り換えることは、緊縮財政の維持と低食糧価格＝低賃金による輸出振興という大蔵省や日本の財界の望むところだった。

この間、日本は1952年にIMFと世界銀行に加盟し、1955年にはGATTにも加盟して、世界経済との関係を強めており、そうした中で吉田内閣に替わって登場した鳩山一郎内閣が1954年12月に発表した「総合経済六ヶ年計画」にも、国際収支の拡大均衡を目指す輸出伸長第一主義が明瞭に示されていた。農林大臣官房調査課『過剰農産物裡の日本農業』（調査資料第178号、1955）にも以下のようにある。

> 「これは一面六ヶ年計画の基本的考え方が輸出伸長を第一に自給度向上を第二にしている事実を示すものである。その端的な現れは八月の企画庁試案で、そこでは、国内の食糧増産を一三、四五六千石としていたのに、九月十三日案では一〇、〇六〇万石へと削減されている。これは食糧増産は必要であるが効果は乏しいこと、財政資金依存度が高く、しかも多額にのぼることなどが削減の中心的理由である。とくにかかる理由を強く裏付けたものは世界的農産物過剰とその価格低落である。」
> （p.108-10）

この文章を引用した持田恵三氏は、"米よりパンを"さらに"牛乳を"といった食生活改善運動や、1950年から八大都市で始まったパンと脱脂粉乳の学校給食にも触れながら、「この安い食糧の選択の指導権はアメリカ側ではなく日本の資本の側にあった」として、「戦後食糧政策の原型」が作られたのは、まさに1955年前後であるとしている(1)。

そこで問題は、この戦後食糧政策の形成と食管制度との関係である。食管制度は、前項で見たように朝鮮戦争下にアメリカから存続を強制されたものであった。しかし、それは樋渡氏が言うように、「保守」政党による農民掌握の機構として食管制度が定着したのでは決してなかった。

実際、**表7-1**のように、1955年の豊作で米の需給は緩和し、鳩山内閣河野一郎農相の下で1956年には生産者米価は引き下げられ、系統農協に対しては統制撤廃や第二次農業団体再編問題が仕掛けられていた。1957年には、買入

235

表7-1　政府米価の推移

単位：円

年・月	買入価格	売渡価格	価格差	ヤミ米価格
1955.7	10,160	10,064	−96	
1956.6	10,070	10,059	−11	10,450
1957.7	10,323	10,107	−216	11,655
1958.7	10,323	10,899	576	10,928
1959.7	10,333	10,899	566	10,582
1960.7	10,405	10,899	494	10,220
1961.7	11,053	10,815	−238	10,578
1962.7	12,265	10,785	−1,480	11,655
1963.7	13,171	12,046	−1,125	12,498
1964.7	14,962	11,957	−3,005	14,290
1965.7	16,345	13,924	−2,421	15,795
1966.7	17,850	15,158	−2,692	16,383
1967.7	19,493	15,023	−4,470	18,143
1968.8	20,640	17,343	−3,297	19,505

注：櫻井誠『米その政策と運動』中，農文協，1989，p.199，p.307，p.321より作成。

価格を売渡価格が上回って"順ザヤ"となり，翌1958年にも米価はほぼ据え置かれた。また，当時はヤミ米価格が買入価格を上回っていたのである。

　政府の買入価格が顕著な上昇を開始するのは，米価算定方式がそれまでのパリティ方式から生産費所得補償方式に切り替わった1960年からである。その年以降，ヤミ米価格は買入価格を下回ることになった。同時に，見逃せないのは，売渡価格である。1961，1962年と連続して引き下げられ，再び政府米価は"逆ザヤ"となり，その後も引き上げは抑制されて"逆ザヤ"は拡大し，特別会計の赤字は膨らんでいったのである。

　この買入価格の上昇は，当時の激しいインフレが生産費の算定に反映した結果であることは第6章でも指摘した。しかし，それは裏を返すと，生産者にはコスト上昇，消費者には実質所得の減少というインフレへの双方の不満を食管制度の"逆ザヤ"価格体系が財政負担で一部吸収し，「国民の食糧確保」と「国民生活の安定」に寄与した結果とも言うことができる。戦時体制下と同様に，"逆ザヤ"価格体系によってヤミ米は消え，政府による米の全量管理も達成されたからである。

　このように見ても，1960年の米価算定における生産費所得補償方式の採用

終章　食糧管理制度の歴史的性格

は，戦後の食管制度にとって大きな転機であった。確かに，わが国の米価統制は伝統的に生産費を基準としてきており，米価審議会もこの方式の採用を提言し，農協や農業者も一致して要求していた。しかし，それがなぜ1960年であったかといえば，安保危機以外にはあり得ないだろう。

安保改定に強い意欲をもった岸信介首相が改定に向け動き出したのは，1958年5月の総選挙で安定多数を得た後であった。しかし，この秋の警察職務法改正法案が引き金になって安保条約に反対する運動は盛り上がり，「総資本対総労働の対決」といわれた三池闘争とも連動して反対運動は全国へ広がった。こうした中にあって，農林水産業の従事者は，急速に減少しつつあったとはいえ，依然として1960年の国勢調査で就業人口の33％を占めていたのである。その意味で農業陣営は，安保危機の中で，明らかにキャスティング・ヴォートを得たと言えるだろう。

注
（1）持田恵三「戦後の食糧政策の反省」（農政ジャーナリストの会編『日本農業の動き』No.41, 1976) pp.30-2。

4）冷戦と食管制度

岸内閣に代わって登場した池田勇人内閣が「所得倍増計画」を打ち出したことにより，1960年は「政治の時代」から「経済の時代」への転換と言われている。これも，安保危機が深刻だったからこそ，同様な危機を回避することをその後の政権に強く意識させたからと言うべきだろう。この危機回避の1960年代に，食管制度は「国民の食糧確保」と「国民生活の安定」という法律の目的を掲げて，あの戦時体制期と同様，"逆ザヤ"二重価格制によって米の全量管理を達成するとともに，買入米価と売渡米価の操作によって危機管理の機能を発揮していったと見ることもできるだろう。

それを総括的に定式化するならば，かつて総力戦体制の下で危機管理の一翼を担った食管制度が，今度は本格的な冷戦という体制の下で再び危機管理

237

第2部　食糧管理制度の成立とその機能

の機能を果たすことになった，ということである。

　冷戦体制は，大袈裟に聞こえるかも知れない。確かに，1953年のスターリン死後，ソ連には変化が現れ，1955年にはいくつかの「雪解け」が見られた(1)。しかし，1957年のソ連のスプートニク打ち上げ成功は，アメリカにショックを与え，1958年にはベルリン危機が始まり，中国・台湾の間でも戦争の危機が高まった。

　中でもアメリカが脅威に感じていたのはベトナムだった。アメリカは，1954年のジュネーブ協定で撤退したフランスに代わって，自ら樹立に関わった南ベトナム政権を支援していたが安定せず，北はホーチミンの指導の下，1959年から武力解放戦争を決定して南ベトナム解放民族戦線の結成へ向かっていった。

　当時のアメリカ大統領アイゼンハワーは，いわゆる「ドミノ理論」に立脚して，ベトナムを東南アジアの共産化を阻止する最前線と位置づけていた。1960年の日米安保条約の改定は，明らかに東南アジアに対するアメリカ軍事戦略の踏石とも言うべきものであり，事実，1961年には就任早々のケネディー政権がベトナムへの軍事介入を公然と開始し，それはエスカレートして1964年にはいわゆる北爆に向け，B-52戦略爆撃機が沖縄嘉手納基地から発進していったのである。

　「経済の時代」と言っても，1960年代は「冷戦の時代」であった。その点で忘れてならないのは，安保改定は「ドル防衛」という経済戦略も伴っていたことである。いわゆる日米安保条約第2条の日米経済協力である。日本の国際収支は，1950年代は赤字状態であったが，1958年以後黒字に転じていた。したがって，「締約国は，その自由な諸制度を強化することにより」と謳われた第2条が意味するところは，貿易の自由化であった。

　三池闘争が安保反対運動と連動したのも，貿易自由化が石炭から石油へのエネルギー転換に直結するものだったからである。そして，それは農産物にとっても重大な影響を与えるものであった。1960年，池田内閣は「貿易為替自由化計画大綱」を策定し，まず121品目が自由化された。さらに64年まで

に輸入制限品目は4分の1に減少した。この中には，大豆，鶏肉，バナナ，粗糖，レモンなどが含まれていた(2)。

　安保危機により，生産費所得補償方式や農業基本法（1961年）という成果物を得た農業陣営であったが，それは以降延々と続くアメリカからの農産物輸入自由化という大きな代償も伴うものであった。換言すると，農産物輸入自由化への反発をかわすためにも，買入米価というカードを持った食管制度は維持される必要があったと言えるだろう。

　つまり，持田恵三氏の指摘した「戦後食糧政策の原型」は1960年に再編され，性格を変えたと言える。すなわち，「原型」において大蔵省や国内資本の利害で説明された安い輸入農産物への依存は，安保条約第2条に基づいてアメリカからの農産物輸入の自由化という柱が明確に加わった。同時に，その反対給付として食管制度の維持・存続も必要となったのである。ここに，食管制度を不可欠の構成要素とした戦後食料政策が確立したのである。

　こうして，食管制度は，生産費所得補償方式に基づく「農工間の所得均衡」という「平等化」理念により，農家や農協を米価運動に駆り立て，稲作農家の所得獲得・維持に貢献したという意味では，確かに農業保護的な価格支持制度であったと言うことができる。ただし，それは冷戦という世界的な体制に組み込まれた日本が「危機管理」の機構として維持・存続させたものでもあった。それを踏まえると，米に偏った農業構造と過剰問題，農産物の輸入依存など，日本農業にとって食管制度の長期的に見た功罪は，より総合的な評価が必要となってくるのである。

注
(1) 1955年は7月に米ソ英仏の首脳会談が開かれ，東西の経済的・文化的交流が合意された。8月には米中の大使級会談が開かれ，9月には西ドイツ首相がソ連を訪問して国交が成立するなど，東西間の緊張が緩和した（正村公宏『戦後史』下，筑摩書房，1985，p.42）。
(2) 清水徹朗ほか「貿易自由化と日本の重要品目」『農林金融』2012年12月号，2012，p.23。

5）おわりに

　周知のように，1970年代から食管制度は米の過剰と過大な財政負担という問題に直面し，自主流通米に代表される規制の緩和への道を歩み始める。これは，かつて統制が統制を呼ぶメカニズムとは逆の規制緩和が規制緩和を呼ぶメカニズムの始動とも言い換えることができる。

　ただし，ニクソン訪中やベトナム和平協定などで一旦は進展した「緊張緩和」は，1979年のソ連によるアフガニスタン侵攻やイラン革命で再び緊張し，アメリカに登場したレーガン政権の対ソ強硬姿勢によって，新冷戦と言われる時代に入った。また，1978年からは牛肉，柑橘を対象とした日米農産物交渉も開始された。その頃，米価は品質格差の導入へと比重を移したが，1970年代はまだ農協による米価運動も活発であり，食管制度の骨格はしっかりと残っていた。

　こうした中で，日本と同様，価格支持による農産物の過剰と財政負担に共通に悩む先進資本主義国は，アメリカの主導の下でGATTウルグアイラウンドを開始した。そこでは，関税以外の国家による市場介入を全廃し，市場メカニズムを正常に機能させることが原則として提起されていた。これは，1930年代の大恐慌から始まる農産物価格支持を，市場メカニズムを歪めるものとして完全に否定する新自由主義の発想に立つものであった。

　こうして，GATT交渉を通じて先進資本主義国の農産物価格支持制度は転換を迫られることとなった。確かに，生産者への所得補償と増産・自給化のために制度化された価格支持制度は生産刺激的であり，補助金付き輸出とセットとなって，世界の農産物過剰問題を深刻化させていた。しかし，それは，日本と同様に冷戦の下では，各国にとっても危機管理としての機能の一端を果たしていたと言えるだろう。

　だからこそ，ウルグアイラウンド交渉は，最初の合意期限であった1990年になっても難航し続け，漸く1994年になって合意に達することになった。それは，1989年のベルリンの壁崩壊と1991年のソ連崩壊によって冷戦が終結し，

終章　食糧管理制度の歴史的性格

世界がアメリカの一極支配と新自由主義に服した時である。つまり，冷戦終結と共に漸く農産物価格支持は先進資本主義国において危機管理としての機能も終えることができるようになった。1994年12月の食糧法の成立によって生涯を終えることになる食管制度も，同様の評価をすることも可能であろう。

しかし，21世紀に入り，とりわけ2008年のリーマンショック以降，アメリカの覇権は弱まり，世界は急速に多極化している。とりわけ，ロシアと中国の台頭は顕著であり，19世紀末のような地下資源の争奪戦が領土問題も絡めて国家間で展開されている。

関税の原則撤廃を掲げるTPP交渉がロシアや中国への対抗を意識したものと見ることもできるだろう。それはまた，日米安保条約第2条に縛られた日本を浮彫にしつつあるとも言えるのである(1)。冷戦の復活にも似た世界の中で，TPPへの参加を通じて，再び日本はアメリカの戦略に全面的に組み込まれる方向へ進むことが強く危惧される。

それは同時に，農業・農村・農家の更なる疲弊と都市農村間，中央地方間の格差を拡大し，消費者にも食の海外依存によるリスク増大に帰結するだろう。しかも，それを農産物輸出や企業参入などの市場メカニズムと規制緩和で解決することは幻想に過ぎないことも一段と明らかになって行くだろう。その時，今一度，農産物市場制度が自由市場では果たせない「公共性」や「平等化」の手段として議論されねばならなくなると思われる。

確かに，中央集権的な食管制度の歴史的展開には功罪があり，地方分権の時代にはそぐわない。だからこそ，新しい危機の時代を踏まえ，生産者と消費者が地域に根ざして新たな農産物市場制度の構築に向けて時代を作っていく必要があると思われる。本書は，まさにこの課題に対する基礎的な認識を提示したものである。

注
（1）内橋克人・小森陽一「グローバル化の総仕上げとしての自民党改憲案」（『世界』2013年6月号，2013）を参照。

（終）

あとがき

　研究者にとって52歳から57歳と言えば，研究にもっとも脂がのる時期かもしれない。その6年間を，法人化したばかりの国立大学役員（理事・副学長）として過ごすことになった。それも教育・学生担当である。それは，簡単には想像できない世界だった。国立大学にとって法人化が未知の領域だったから当然である。だからこそ，何かできるかもしれない，と思ったのだった。
　それは，いろいろな出来事の連続であり，一つ一つが得難い経験だった。多数のテレビカメラやフラッシュの放列の前で行った謝罪会見も忘れがたい。ともかく，私にとって最も貴重だったのは，学務部という組織のトップに立って，多数の部下と共に組織として仕事ができたことである。それは，「学生のために何ができるのか」という1点で一体になることのできる仕事だった。一研究者では決して味わうことができない醍醐味だった。そんな仕事に没頭できたのは，幸せなことだったと思う。
　ただし，この間，研究には頭が向かっていかなかった。それなので，役員を終え，一研究者に戻って久々に学会に出たり，最新の研究に目を通したりすると，これはもう浦島太郎のようであった。それだけではなく，徹底した通説批判の異端者としてではあれ，多少は築いたつもりでいた地歩も無くなっているかのように思えた。研究者としての自負も打ち砕かれ，6年間で失ったものがあまりにも大きく，もはや取り返しがつかないかのような感覚にも襲われた。
　しかし，東日本大震災によって絆やコミュニティーが見直される中で，「日本のムラは，天災が頻発するという風土ゆえの切実さから『生活保障』の関係として生きている」（「日本のムラ」『農業経済研究』第73巻第2号，2001年）と，自らが論じていたことを思い起こした。それは，イエ・ムラ研究が流行している現在とは違って，ムラが未だ前近代の残滓として，商品経済の浸透で消えてなくなると考えられていた時代に，日本の「風土」という観点から

問題提起したものであった。

　本書に収録した研究は，ほとんどが1980年代，90年代の私がまだ駆けだしだった頃に公表したものである。いずれ一冊にまとめなければと思いながら，時が経過してしまった。これらが2010年代の今日に通用するものなのかどうか。それを問い直すところから研究を再開するしかない。そんな思いから本書の「はしがき」や序章，そして終章をまとめた。果たして，この20年以上前の研究がグローバル化した今日の世界に意味を持ちうるものなのかどうかは，読者諸賢の判断に委ねるしかない。

　2011年，3.11。留学生との懇談会の最中に地震に襲われた。その後，役員会で翌日の後期試験を延期と決定し，受験生への連絡方法を手配し，教室の一部を留学生の避難所として確保し，深夜になってようやく近くの避難所にいた次女を迎えに行って宿舎へ戻り，散乱したテレビや食器などを片づけて，停電で暖房がない部屋で布団にくるまったことを思い出す。星のきれいな夜だった。その間も，震度4程度の余震が繰り返し続いていた。

　翌日から様々な対応に追われた。それは数えきれない。学生ボランティアを送り出す体制作りが思い出される。自らも宮古市や陸前高田へボランティアに出かけた。そうこうするうちに6月の任期満了を迎え，一教員に戻った。その夏，母が危篤となり，2週間，介護施設に泊まって最期を看取ることができた。穏やかな，まさに「平穏死」だった。役員を続けていたら，このように長期の休暇は取れなかったと思う。

　震災の年の10月から現在の徳島大学総合科学部（正式にはソシオ・アーツ・アンド・サイエンス研究部）に移って，現在に至っている。担当は地域経済論で，授業の準備に追われる日が続いているが，それもまた充実した毎日である。被災地からは遠く離れてしまったが，福島の原発事故による農業被害の問題は，何としても研究テーマとして取り組んでいきたいと考えている。

　前任の岩手大学では，平山健一前学長や藤井克己現学長ほか，実に多くの方々にお世話になった。あまりに多くて名前をあげられないが，この場を借りて厚くお礼を申し上げたい。教育・学生担当を引き継いでいただいた高畑

あとがき

　義人理事・副学長には特に感謝している。それにしても，思い起こされるのは，多数の学務部職員の方たちの顔である。活躍を期待している。

　本書の公表で，何とか研究者への復帰を果たすことができたのではないかと思っている。現役で研究できる期間は限られているが，たとえネグレクトされても，徹底した通説批判者として研究を貫き通したいと思っている。弘前に住む妻とは一段と遠くなってしまったが，感謝しつつ互いに元気で頑張ろうという思いである。

　ふるさとの高山市で暮らす，グラフィック・デザイナーの父が60年間の仕事を作品集『絵師・図案家　玉賢三の仕事―飛騨の風土と人に，絵筆をあわせて』（博進堂）にまとめて今年9月に刊行した。本書と同じ年に刊行できたことを喜んでいる。

　最後となるが，厳しい出版事情の中で，本書の出版を快く引き受けていただいた筑波書房の鶴見治彦社長に，心から感謝したい。鶴見社長にお願いして，発行日を長女，七穂子の結婚式の日にしていただいた。祝福の意としたい。

著者略歴

玉　真之介（たま　しんのすけ）

1953年，岐阜県高山市生まれ，徳島大学大学院ソシオ・アーツ・アンドサイエンス研究部教授

北海道大学大学院修了。岡山大学助教授，弘前大学助教授，岩手大学大学院教授，同大理事・副学長などを経て2011年10月から現職

主要著書・論文："Japanese Agriculture from A Historical Perspective"（共著，筑波書房，2007年），『グローバリゼーションと日本農業の基層構造』（単著，筑波書房，2006年），『戦時体制期』（分担執筆，農林統計協会，2003年），『主産地形成と農業団体』（単著，農文協，1996年），『日本小農論の系譜』（単著，農文協，1995年），『農家と農地の経済学』（単著，農文協，1994年）。

近現代日本の米穀市場と食糧政策
─食糧管理制度の歴史的性格─

2013年10月27日　第1版第1刷発行

著　者　玉　真之介
発行者　鶴見　治彦
発行所　筑波書房
　　　　東京都新宿区神楽坂2−19　銀鈴会館
　　　　〒162−0825
　　　　電話03（3267）8599
　　　　郵便振替00150−3−39715
　　　　http://www.tsukuba-shobo.co.jp

定価はカバーに表示してあります

印刷／製本　平河工業社
©Shinnosuke Tama 2013 Printed in Japan
ISBN978-4-8119-0429-0 C3033